# 常见鹅病
## 临床诊治指南

CHANGJIAN EBING
LINCHUANG ZHENZHI ZHINAN

顾小根 陆新浩 张 存 主编

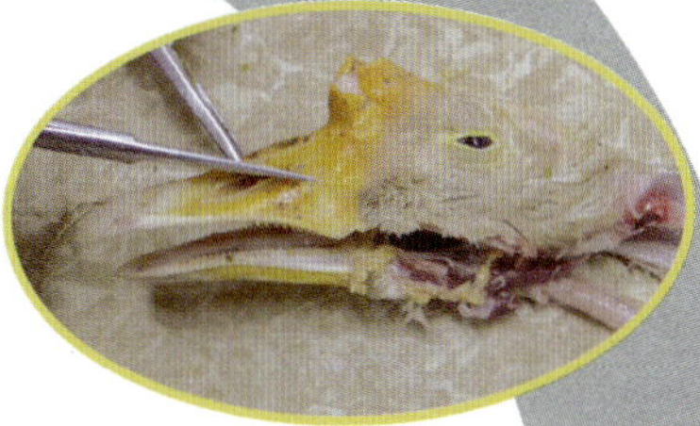

浙江科学技术出版社

## 图书在版编目（CIP）数据

常见鹅病临床诊治指南 / 顾小根，陆新浩，张存主编. —杭州：浙江科学技术出版社，2013.1（2016.9重印）
ISBN 978-7-5341-5214-6

Ⅰ.①常… Ⅱ.①顾… ②陆… ③张… Ⅲ.①鹅病－诊疗－指南 Ⅳ.①S858.33-62

中国版本图书馆CIP数据核字(2012)第285589号

| | |
|---|---|
| 书　名 | 常见鹅病临床诊治指南 |
| 主　编 | 顾小根　陆新浩　张　存 |
| 出版发行 | 浙江科学技术出版社<br>杭州市体育场路347号<br>邮政编码：310006<br>联系电话：0571-85170300-61711<br>E-mail: zx@zkpress.com |
| 排　版 | 杭州万方图书有限公司 |
| 印　刷 | 杭州下城教育印刷有限公司 |
| 开　本 | 890×1240　1/32　　印　张　6.75 |
| 字　数 | 175 000 |
| 版　次 | 2013年1月第1版　2016年9月第2次印刷 |
| 书　号 | ISBN 978-7-5341-5214-6　定　价　32.00元 |

版权所有　　翻印必究
（图书出现倒装、缺页等印装质量问题，本社负责调换）

责任编辑：詹　喜　　　　　责任美编：金　晖
责任校对：张　特　　　　　责任印务：徐忠雷

## 《常见鹅病临床诊治指南》
### 编委会

主　　任　张火法
副 主 任　潘天银　洪建伟　鲍国连
编　　委　徐柏松　吕玉丽　黄立诚　冯尚连
　　　　　汪溪念　李　萍　徐　辉　顾小根

## 《常见鹅病临床诊治指南》
### 编写人员

主　　编　顾小根　陆新浩　张　存
副 主 编　陆国林　俞国乔　李双茂
编写人员　顾小根　陆新浩　张　存　李双茂
　　　　　俞国乔　刘　鸿　陆国林　华炯刚
　　　　　陈秋英　周彩琴　吴　勇　陈婷飞
　　　　　陈　莉　倪柏锋　杨　民　洪　杰
　　　　　吴赟竑　朱梦代　母安雄　施杏芬
　　　　　丁巧丽　余建娣　吴林友　周　蕾
　　　　　赵灵燕　陈建祥　厉允斌

随着养鹅业的发展，鹅病问题越来越突出，有效防治鹅病已成为养殖业主的主要工作之一。《常见鹅病临床诊治指南》出版了，这是鹅病防治工作者的一大喜事。

浙江省畜牧兽医局顾小根研究员、浙江省余姚市禽畜病防治研究所陆新浩高级兽医师、浙江省农科院畜牧兽医研究所王一成研究员和张存副研究员等兽医工作者，为顺应时代要求先后编写出版了《常见猪病临床诊治指南》《常见鸡病与鸽病临床诊治指南》和《常见鸭病临床诊治指南》，这些著作都具有面向基层、将复杂疾病诊治技术化繁为简的共同特点。现在编写出版的这本书也一样，针对鹅病种类较多、临床和病理表现复杂、广大读者要在较短时间内牢记掌握各种鹅病诊治技术比较困难的情况，作者一改兽医临床学科书籍的传统编写方法，创新性地应用词典编写思路，将鹅的各种疾病及其防治方法比作一个个"字"或"词"，把各种病鹅的异常表现（临床症状、病理变化等）分门别类归纳为一个个相当于文字的"部首"，从而把复杂的鹅病诊治技术编写成像词典一样的可依照这些"部首"就可检索到（即诊断出）相应疾病的工具书。如此，读者一旦遇到鹅发病，只要检查发病鹅的异常表现，在本书中进行检索，就可查明病鹅所患的病种和应采取的防治方法，这就像小学生查词典认字学词那样方便、简单，而且本书中大量应用了临床和病理彩色图片，有利于读者客观、形象、真实地掌握病鹅的各种异常表现，从而更准确地诊治疾病。可以说，拥有本书犹如配备了一个专业兽医。

此外，该书积极倡导"防重于治、防重在养"的理念。提出"动物健康是养出来的，不是用药吃出来的"、"以生物安全为基础的全方位防疫"、"诊治疾病的更大意义在于为事后防治同样疾病积累经验"等观点，这符合动物疫病科学防控和动物源性食品安全的现实要求和发展方向。

这是一本专业性和科普性结合比较成功的著作，它的出版，可为读者快速学习成为专业兽医提供有益帮助，也可作为大中专院校畜牧兽医专业学生的学习参考书，同时为丰富和发展我国兽医学科积累了宝贵的临床资料。

全国劳动模范
世界禽病学学会会员
禽病学专家

2012 年 10 月

# 前 言

鹅这种水禽虽然在我国整个养禽业中的比重相对较低，但仍有数亿的饲养量，属第三大类家禽，尤其是随着社会需求增加，养鹅业呈发展趋势。因此，在我国做好鹅病的防治工作具有重要意义。

鹅病很复杂，病种繁多，所以各种鹅病所表现出来的异常变化也多种多样，通常情况下我们很难牢记和掌握各种鹅病的各种异常变化特征。因此，在鹅发病后往往难以及时作出临床诊断，难以及时采取有效防治措施。那么，在没有全面掌握各种鹅病的各种异常变化特征的情况下，是否也能简便、快速地对发生的多数鹅病作出临床诊断？这应该是广大临床兽医和生产养殖者期望解决的问题，也是我们编写出版本书的出发点。

为此，我们根据多年的临床实践，一改传统的、常规的鹅病诊治书籍编写方法，按照词典的编写思路，力图编成一本可根据病死鹅某些异常表现就能查找诊断出相应鹅病及其防治方法的临床诊治工具书。本书首先对我们通过临床实践总结归纳的、涉及43种鹅病的206种异常表现，分别进行汇总、分类、排序，然后将每种异常表现编成一个条目（相当于一个文字的"部首"），在每个条目中列出具有该条目所述异常表现特征的相应鹅病（相当于各种"字"或"词"），并且在每个条目中尽可能采用彩色图片来展示各种异常表现特征，以克服单一文字描述难以做到客观、直观而造成判断误差的问题，从而使纷繁复杂的各种鹅病异常表现变得系统化、条理化，变得简明和清晰。然后，再介绍这43种鹅病的发病（流行）特点和临床病理特征表现、诊断要点、主要防治方法。如此，**读者**

**诊治鹅病就像查词典一样**，只要根据现场发病鹅的主要异常表现，就可在本书中快速找出可能发生的疾病及其防治办法。如病鹅有"泄殖腔等内脏外翻甚至脱出"的表现，就在本书目录"二"部分中找到归属于"体表异常"类的"泄殖腔等内脏外翻甚至脱出"这一条目，在这个条目中就会表明具有这种症状的疾病为大肠杆菌病、鹅的鸭瘟病毒感染等；然后，在本书目录"三"部分中找到和阅读有关这几种鹅病的全文，并分别与现场发病鹅的其他异常表现一一进行比较鉴别，最后找出与发病鹅的各种异常表现一致或最接近的病种，从而作出临床诊断和采取相应的防治措施（具体方法详见《读者须知》中的"使用本书帮助诊治鹅病的步骤和方法"）。

为便于读者正确判别病鹅的某些病理变化，本书还编选了健康鹅的各种组织器官的彩色图片。因此，该书不仅是广大临床兽医和养鹅专业工作者的工具书，也可作为兽医大中专院校学生和其他初学者的参考用书。

书中所配图片资料，大部分是本书作者在长期临床工作中所积累起来的，也有一部分选自其他正式出版的资料（见相关图片说明），对此向相关作者和出版社表示感谢！同时，因作者积累资料有限，个别临床症状和病变没有相应的彩色照片记录，对此深表歉意！

愿本书能成为读者诊治鹅病的帮手！由于作者水平和积累资料有限，本书难免存在疏漏和不足之处，恳请广大读者批评指正。

编 者

2012年10月

## （一）使用本书帮助诊治鹅病的步骤和方法

本书类似于一本词典，读者无须死记硬背书中的详细内容，只要阅读"目录"，大概了解本书的内容并掌握本书的使用方法即可。使用本书来指导，诊治鹅病就像"查字"一样，变得通俗、迅速、准确，即根据病死鹅的某个或某些异常表现（相当于一个字的"部首"）及其在本书中设定的类别、编号顺序和页码，找到书中相应条目和有关相应图片，从而找出可能发生的鹅病病种（相当于各种"字"或"词"），最后就可详细了解到所发鹅病的性质和防治方法。本书使用方法具体如下：

**第一步**，在开展鹅病临床诊治前，读者应先浏览本书的目录，以了解本书的基本内容和具体排序。

**第二步**，参照本书介绍，学习和基本掌握病死鹅各种异常表现的检查方法和病死鹅的剖检方法。

**第三步**，浏览本书所述健康鹅有关组织器官的彩色图片，便于识别病死鹅器官组织的异常变化。

**第四步**，当鹅发病后，应检查分析找出发病鹅群主要的、多数病死鹅共有的异常表现。

**第五步**，根据现场病死鹅的主要异常表现，按照本书分类方法，依照从整体到局部、从体外到体内、从头到尾、从背到脚的排序，在本书目录"二、各种病（死）鹅异常表现及其相应的疾病"中，对照查找相应条目。如病鹅有"泄殖腔等内脏外翻甚至脱出"症状，这属于"体表"类别位于尾部的异常表现，那就在本书目录"二"中找到"体表异常及其相应的疾病"这一类，再在这一类中依照先整体后局部、从头到尾的排序找到"泄殖腔等内脏外翻甚至脱出"这一条目。然后，按照目录中该条目所对应的页码，在本书中找到"泄殖腔等内脏外翻甚至脱出"条目的正文，并细读这一条目的具体内容，就能找出与这一症状相关的疾病有大肠杆菌病、鹅的鸭瘟病毒感染等。

第六步，在本书目录"三、常见鹅病的诊断与防治"中，找到第五步查到的条目所述及的几种鹅病，然后，按照目录中这几种鹅病所对应的各自页码，在本书中一一找到有关这几种鹅病的正文，并详细阅读之，了解这些鹅病发病（流行）特点、临床症状和剖检变化等各种异常表现特征，然后与现场发病鹅的其他各种异常表现一一进行对照比较。通过对比，找出与发病鹅各种异常表现一致或最接近的病种，从而作出临床诊断并采取相应的防治措施。

最后，根据读者对自己作出的临床诊断结果可信度判断，决定是否需要进行实验室检验。需要作出确诊的，应按照书中提出的不同鹅病实验室诊断要求采集相应样品送实验室进行检验。

## （二）必须树立一种观念
### —— 防重于治，防重在养

"**防治鹅病，重在科学饲养管理！鹅的健康是养出来的，吃药不是办法！**"虽然本书是帮助读者有效诊治鹅病，但更重要的是，鹅病诊治以后怎样进行科学预防，达到鹅病不再暴发、不再流行的目的。因此，请读者仔细阅读下面的文章。

养鹅的根本目的，是为市场提供健康安全的鹅肉和蛋，同时获取最好的经济效益，这就要求饲养管理人员尽一切可能保证鹅不生病。要保证鹅健康，只有做好预防工作，而做好预防工作的关键是采取科学的饲养管理。

**1. 鹅一旦发病特别是疫病,将造成重大危害和损失**

鹅发病的原因主要有三个方面:一是因为动物疫病具有传染性、群发性,一旦发生疫病,会很快在动物群体内传播开来并可能传播出去,在数天甚至一天内饲养的大多数动物就有可能发病。二是发生的许多传染病至今没有有效的治疗方法,发病动物多数会死亡;即使是可以治好的疫病,由于大批动物发病,治疗费用很高,而且发病后严重影响动物的生长发育和生产性能,也会造成重大损失。三是随着自然环境的改变、高密度的饲养和频繁流通,鹅的疫病种类越来越多,疫病传入发生的机会越来越多。因此,养鹅专业场(户)在平时饲养时,在鹅健康时,就要切实采取有效的预防措施,把疫病发生的危险性降到最低限度。

**2. 预防鹅病关键是要采取科学的饲养管理,因为鹅生病的主要原因之一是饲养管理不当,常用药物给鹅防病也会产生严重的副作用**

引起鹅发生疫病等群体性疾病的直接原因是鹅感染了病毒、细菌、寄生虫等病原,或者是接触了有关毒素,或者是鹅群缺乏某些营养元素。但是造成这些原因产生的因素,主要是饲养管理方式不当引起,我们称这些因素为诱因,如高热高湿、拥挤、没有隔离措施、环境条件卫生差等等。

常用药物进行防治会带来许多弊端。常言道:"是药三分毒。"科学证明,多数抗生素和化学合成药具有毒副作用,经常用药或滥用药会产生三大严重后果:一是引起病原菌产生抗药性。二是药物残留,危害人类(肉、蛋食用者)的健康。给鹅防病治病的最终目的并不是为了保住鹅的生命,而是为了给人类提供肉品和蛋。当人经常食用含有药物残留的鹅肉品或蛋后,会引起食用者产生抗药性,食用者一旦生病,用药治疗效果就不好,甚至是无效的;会损害食用者的肝脏等器官组织;会导致食用者发生"三致"(致癌、致畸、致突变)。三是直接危害鹅本身。长期使用或过量使用药物会抑制动物的免疫系统,降低各种疫苗的免疫效果,也会直接损害肝、肾等内脏组织器官,严重时会发生急性中毒。

因此，要养好鹅必须采用科学的饲养管理方式，落实综合防疫措施。科学的饲养管理方式，就是要实施健康养殖、生态养殖、标准化养殖。即要选择合适的养殖环境和场地，实行封闭式饲养、科学饲养、全进全出饲养、分段隔离式饲养、适度规模饲养、单一饲养、生态饲养（提供适合的环境：合理的养殖密度、合适的温湿度、良好的空气质量、适量光照和运动等），要建立执行合理的免疫程序制度、消毒制度、疫情监测制度、无害化处理制度。在这里不再一一叙述，请读者参见附录：养鹅场（户）确保鹅群健康安全的综合防疫技术。

3. 对鹅病进行正确诊断，不仅是为了采取有效的治疗措施，减少损失，更重要的是为了事后如何防止同样的疾病再次发生

一旦鹅发病，应该及时作出正确诊断。一方面指导采取正确治疗措施，努力减少损失；另一方面，通过正确诊断，我们就知道了鹅生的是什么病，事后就可以针对性地采取正确的预防方法和措施，同样的鹅病以后就可能少发或不再发生。

# 一 鹅病诊治技术的相关基础知识

**（一）有关鹅病诊治的一些常用名词解释** ·············· 1

1. 有关机体组织的名词 ·············· 1
   机体 ·············· 1
   组织、器官、系统 ·············· 1
   黏膜 ·············· 1
   浆膜 ·············· 1
   气囊 ·············· 2
   黏液 ·············· 2
   浆液 ·············· 2
2. 有关病种的名词 ·············· 2
   疾病 ·············· 2
   传染病 ·············· 2
   寄生虫病 ·············· 2
   疫病 ·············· 2
   普通病 ·············· 2
   中毒病 ·············· 3
   营养性疾病 ·············· 3
   群发病 ·············· 3
3. 有关临床症状和病变等表现种类的名词 ·············· 3
   发病（流行）特点 ·············· 3
   临床症状 ·············· 3
   病理变化（简称病变） ·············· 3

|  |  |
|---|---|
| 剖检病理变化 | 3 |
| 发病率 | 3 |
| 死亡率 | 3 |
| 病死率 | 3 |
| 出血 | 3 |
| 贫血 | 3 |
| 充血 | 4 |
| 淤血 | 4 |
| 坏死 | 4 |
| 水肿 | 4 |
| 脱水 | 4 |
| 败血症 | 4 |
| 4. 有关炎症种类的名词 | 4 |
| 炎症（发炎） | 4 |
| 变质及变质性炎症 | 4 |
| 渗出、渗出液及渗出性炎症 | 4 |
| 增生及增生性炎症 | 5 |
| 浆液性炎症 | 5 |
| 卡他性炎症 | 5 |
| 纤维素性炎症 | 5 |
| 化脓性炎症 | 5 |

## （二）健康鹅组织器官的彩色图谱 ...... 5

1. 皮肤及皮下、肌肉 ...... 5
2. 口腔、腭裂、喉头、咽、食道及其黏膜、气管及其黏膜 ...... 6
3. 胸腹腔、脂肪、肌胃、肝、肺、气囊、小肠及其黏膜 ...... 7
4. 心包、心脏、心内膜 ...... 8
5. 腺胃及其黏膜、肌胃及肌胃角质层、肌胃上的脂肪、脾脏 ...... 9
6. 胰腺、十二指肠、肝脏 ...... 10

# 目　录

7. 肾及输尿管 ……………………………………………… 10
8. 盲肠及其黏膜 …………………………………………… 11
9. 泄殖腔、直肠及其黏膜 ………………………………… 11
10. 产蛋鹅的卵巢、大小不等的卵泡（子）及输卵管 …… 12
11. 产蛋鹅的输卵管及其黏膜（有纵向皱褶）、子宫及其黏膜 ……… 12
12. 80余日龄鹅的法氏囊及其囊腔内膜 …………………… 13

## （三）检查了解病死鹅异常表现的基本方法与程序 ……… 14

1. 问 ………………………………………………………… 14
2. 望（视） ………………………………………………… 14
3. 测 ………………………………………………………… 14
4. 切（触） ………………………………………………… 15
5. 闻（嗅） ………………………………………………… 15
6. 听 ………………………………………………………… 15
7. 剖检 ……………………………………………………… 15
8. 实验室检验 ……………………………………………… 15

## （四）简便实用的病死鹅剖检方法图示 …………………… 15

1. 颈喉部放血致死 ………………………………………… 15
2. 浸泡消毒尸体 …………………………………………… 16
3. 固定尸体 ………………………………………………… 16
4. 分离、检查皮肤和肌肉 ………………………………… 17
5. 打开胸腹腔 ……………………………………………… 17
6. 检查气囊膜和胸腹膜 …………………………………… 18
7. 检查肝和胆、脾、肺、胰腺及脂肪等内脏 …………… 19
8. 检查心包和心脏 ………………………………………… 20
9. 检查肾脏及输尿管 ……………………………………… 21
10. 检查卵巢、输卵管（黏膜皱褶为纵向）和子宫 ……… 21
11. 检查胸腺和法氏囊 ……………………………………… 22

12. 检查鼻腔和眶下窦 ············· 22
13. 检查口腔和食道 ··············· 23
14. 检查喉头、气管、支气管、肺和胸壁 ····· 24
15. 检查腺胃、肌胃 ··············· 25
16. 检查肠道 ····················· 25
17. 检查盲肠 ····················· 26
18. 检查直肠、泄殖腔 ············· 26

### （五）疾病诊断过程中应注意的问题 ············· 27

## 二、各种病（死）鹅异常表现及其相应的疾病

### （一）行为、运动和神经组织异常及其相应的疾病 ····· 28

1. 精神不振（委顿），常呈嗜睡状 ················ 28
2. 食欲不良 ····················································· 28
3. 对食物啄而不食或随即甩弃 ···················· 29
4. 病鹅聚堆 ····················································· 29
5. 躯体倒翻呈各种姿势、头脚翅盲目划动 ···· 29
6. 角弓反张 ····················································· 29
7. 抽搐（痉挛） ·············································· 30
8. 打喷嚏 ························································· 30
9. 甩头 ···························································· 30
10. 摇头 ·························································· 31
11. "勾头" ······················································ 31
12. 头颈呈不同姿势扭转 ······························· 31
13. 头颈扭转，并出现转圈或倒退运动 ········· 32
14. 啄癖（啄羽、啄肛） ································ 32
15. 啄自身皮毛 ··············································· 33

16. 站立不稳、走路摇摆（似"醉汉"）（共济失调） ·················· 33
17. 两腿叉开站立或呈企鹅状行走 ······························· 34
18. 跛行 ······································································ 34
19. 不能站立和行走（瘫痪） ········································· 34
20. 脑膜充血、出血 ····················································· 35
21. 脑出血或（和）有灰白色坏死灶 ································ 35

## （二）体表异常及其相应的疾病 ····································· 35

1. 机体消瘦 ······························································· 35
2. 全身或局部皮下气肿 ··············································· 36
3. 全身羽毛粗乱无光 ·················································· 36
4. 羽毛上有虱子 ························································ 36
5. 头部尤其是颌下肿大、皮下水肿 ································ 37
6. 喙发绀，呈紫红色或灰暗 ········································· 37
7. 喙呈苍白色 ··························································· 37
8. 喙变软易弯曲 ························································ 38
9. 喙上有痘状结节（结痂） ········································· 38
10. 喙部皮肤起泡、破裂、脱落、出血和结痂 ················· 38
11. 鼻腔流出浆液性或黏液性分泌物（流鼻涕） ··············· 39
12. 眼睑肿胀 ····························································· 39
13. 两眼流泪，并在眼周围常形成"黑眼圈" ··················· 40
14. 眼中有浆液性或脓性分泌物 ···································· 40
15. 眼结膜炎 ····························································· 40
16. 眼结膜发炎，并出血 ············································· 41
17. 眼睛混浊，并带蓝灰色、失明 ································· 41
18. 角膜混浊或溃疡，并且眼内有虫体 ··························· 41
19. 角膜混浊发白甚至呈白色干酪样，严重的眼球干瘪下陷 ············ 42
20. 眼睛肿胀凸出、出血，眼眶前下方（眶下窦）部位肿胀 ············ 42
21. 单侧或两侧眼眶前下方（眶下窦）部位肿胀或呈球状凸起 ········· 42

22. 耳部羽毛湿润粘有污物、血染或同时发炎肿起 …… 43
23. 背部等羽毛减少、皮肤发炎 …… 44
24. 羽毛断裂或脱落 …… 45
25. 腹部膨大（腹水）、下垂 …… 45
26. 雏鹅脐部发炎肿胀或同时卵黄吸收不全 …… 45
27. 肛门周围常有泻粪沾污 …… 46
28. 肛门水肿凸出外翻 …… 46
29. 泄殖腔等内脏外翻甚至脱出 …… 47
30. 腿部关节肿大 …… 47
31. 脚部等关节肿大、内积有石灰样物质（尿酸盐） …… 48
32. 脚上有被毒蛇咬伤并带有流血的创口 …… 48
33. 脚趾或（和）蹼呈紫红色 …… 49
34. 脚掌底出血发紫、化脓溃疡或结痂 …… 49
35. 脚蹼上有成堆的红褐色并会活动的小圆点（螨虫）或皮肤呈鳞皮状 …… 50
36. 脚趾向内卷曲，严重的如握拳状 …… 50

## （三）皮肤（皮下）、肌肉、脂肪、骨骼异常及其相应的疾病

…… 51

1. 全身皮肤出血，呈红色或紫红色 …… 51
2. 死亡鹅全身皮肤发紫或灰暗 …… 51
3. 皮肤上有大量的血囊（血管瘤） …… 51
4. 皮肤粗糙、增厚，并有黄白色小结节 …… 52
5. 皮下充血、出血 …… 52
6. 头颈部皮下有大量的凝血块 …… 53
7. 胸腹部等皮肤局部或广泛坏死变色，皮下炎性渗出、胶样浸润 …… 53
8. 胸骨部皮下炎性肿胀（龙骨浆液性滑膜炎） …… 53
9. 肌肉苍白，并有出血斑点或囊点 …… 54
10. 肌肉上有不规则的出血灶 …… 54

11. 肌肉上有大小不一的血囊（血管瘤） ····················· 54
12. 肌肉表面有白色的石灰样沉积物（尿酸盐） ············ 55
13. 内脏等部位的脂肪上有出血斑点 ·························· 55
14. 脑壳表面有少量的石灰样沉积物（尿酸盐） ············ 56
15. 脑壳变软 ························································ 56
16. 脑壳充血 ························································ 56
17. 肋骨变软、变形、弯曲 ······································ 57

## （四）消化系统异常及其相应的疾病 ························· 57

1. 口流黏液（流涎） ············································· 57
2. 腹泻 ······························································· 57
3. 便血 ······························································· 58
4. 口腔内或（和）食道内有大量血液（血块） ············ 58
5. 口腔、食道黏膜出血、坏死或（和）附有黄色糠麸样假膜 ··· 59
6. 口腔和舌表面有一层黄白色的纤维素伪膜覆盖 ········· 59
7. 口腔、食道黏膜上附有白色或灰黄色隆起的坏死小结节或假膜 ··· 59
8. 食道上有散在的白色或带黄色的坏死灶 ·················· 60
9. 食道黏膜上有斑块状或一层连片的灰黄色糠麸样假膜 ··· 60
10. 食道等上消化道黏膜上有大量散在的白色坏死小结节 ··· 60
11. 腹腔积液（腹水） ············································ 61
12. 死亡鹅腹腔内有大量的血凝块 ····························· 61
13. 肝脏等内脏或同时在气囊上散布着灰（黄）白色结节或灰色霉菌斑点 ···················································· 61
14. 肝脏等内脏表面或同时在腹膜（气囊）上附着一层石灰样物质（尿酸盐） ················································ 61
15. 肝脏等各种脏器上和腹腔中有黄色渗出物（卵黄性腹膜炎） ······ 62
16. 肝脏等各种脏器上和腹腔中有大量灰白（黄）色、絮（片）状纤维素渗出物（腹膜炎） ··································· 63
17. 肝表面附有大量黄白色纤维素蛋白膜（肝周炎） ······ 64

18. 肝脏呈樱桃红色 …………………………………………… 64
19. 肝脏变性、肿胀，并呈黄色或土黄色 …………………… 65
20. 肝脏肿大，并有黄白色坏死斑点 ………………………… 65
21. 肝脏肿大，并有圆形或不规则呈下陷状的白色坏死斑 … 66
22. 肝脏肿大，并有大量细小的灰白色坏死点 ……………… 66
23. 肝脏上同时有紫红色的出血斑点和灰黄（白）色的坏死斑点 … 67
24. 肝脏肿大，并有不同性状的出血变化 …………………… 67
25. 肝脏等器官上有坚硬的黄白色结核结节 ………………… 68
26. 肝脏上长有肿瘤 …………………………………………… 68
27. 肝脏等器官上有大小不等的紫色血管瘤 ………………… 69
28. 肝脏上有一局灶性出血灶或血凝块 ……………………… 70
29. 胆囊显著鼓胀膨大 ………………………………………… 70
30. 胆囊鼓胀膨大，并夹杂着白色 …………………………… 71
31. 胆管内有叶片状或线状的乳白色寄生虫 ………………… 71
32. 胰脏肿胀，并有数量不定的紫红色出血斑点和灰白色坏死斑点 … 71
33. 胰腺发炎充血、出血 ……………………………………… 72
34. 胰腺和消化道壁或其他脏器表面有散在的点状出血小囊 … 73
35. 胰腺肿大，并有灰白色或褐色的坏死斑点 ……………… 73
36. 腺胃肿大，表面有灰白色肿瘤结节 ……………………… 73
37. 腺胃黏膜有出血斑点 ……………………………………… 74
38. 腺胃黏膜上有大量糊状物（黏膜脱落）或同时出血 …… 75
39. 腺胃黏膜上有细小点状或豆粒大的灰白色干酪样物质 … 75
40. 肌胃浆膜表面上有紫色血囊（血管瘤）…………………… 75
41. 肌胃内有铁钉或同时被刺破 ……………………………… 76
42. 腺胃和肌胃发炎、内容物腐败变质或同时呈黑色 ……… 76
43. 胃内容物有大蒜样气味 …………………………………… 76
44. 肠道极度肿胀臌气、呈灰褐色或暗紫色外观，内容物乌黑 …… 77
45. 肠道内有呈带状的绦虫，肠黏膜发炎 …………………… 77
46. 肠道内有形状各异的寄生虫，肠黏膜发炎 ……………… 78
47. 肠道外观有环状结节状肿胀，黏膜上有散在纽扣状坏死溃疡灶 … 78

48. 肠道浆膜呈暗红色甚至暗紫色 …………………………… 78
49. 小肠浆膜上有紫红色斑点、黏膜上有出血性坏死灶 ………… 79
50. 小肠外观有环状结节状肿胀，肠黏膜有环状或局灶性肿胀和出血 …………………………………………………………… 79
51. 小肠有戒指样环状或局灶性紫红色出血区 ……………… 80
52. 小肠黏膜有散在或弥漫性充血、出血，或同时有黏膜脱落 …… 81
53. 小肠（十二指肠）严重出血发紫 ………………………… 81
54. 小肠黏膜发炎、出血，肠壁增厚、黏膜脱落 …………… 82
55. 小肠黏膜出血、增厚，并有许多白色小结节 …………… 83
56. 小肠膨大，内有香肠状凝固栓子 ………………………… 83
57. 小肠变细、变硬 …………………………………………… 85
58. 小肠道内有蛔虫，肠黏膜发炎 …………………………… 85
59. 小肠浆膜上有灰白色肿瘤结节 …………………………… 85
60. 盲肠臌气，肠内有"S"形或卷曲状细小的异刺线虫 …… 86
61. 盲肠黏膜增厚、出血，肠腔内积有血液 ………………… 86
62. 盲肠变粗，浆膜和黏膜上有灰白（黄）色干酪样坏死物 …… 87
63. 盲肠变粗，肠壁上有颗粒状黄白色坏死点 ……………… 87
64. 大肠和泄殖腔等黏膜出现弥漫性糠麸样坏死 …………… 87
65. 泄殖腔或同时直肠黏膜出现肿胀、出血，呈红色或紫红色 …… 88
66. 泄殖腔或同时直肠黏膜发生严重出血、溃疡或有一层灰黄色或黄绿色糠麸样假膜 …………………………………………… 88

## （五）呼吸系统异常及其相应的疾病 ………………………… 88

1. 呼吸急促或张口呼吸 ……………………………………… 88
2. 咳嗽 ………………………………………………………… 89
3. 喉头或（和）气管中有黏液 ……………………………… 89
4. 喉头或（和）气管出血 …………………………………… 89
5. 气管黏膜上有灰黄色结节状干酪样物 …………………… 90
6. 气管内有舟状嗜气管吸虫 ………………………………… 91

7. 气囊发炎混浊、粗糙，同时有不同性状的渗出物 ·················· 91
8. 气囊中有大量白色泡沫样渗出物 ····························· 92
9. 气囊或同时在胸壁上有大量出血斑点 ························· 92
10. 气囊和胸腔内有灰白色肿瘤样结节 ·························· 92
11. 气囊或同时在肺部等内脏上散布着灰（黄）白色结节或灰色霉菌
    斑点 ··························································· 93
12. 气囊及内脏表面附着一层石灰样物质（尿酸盐） ················· 93
13. 肺部有大量的灰白色结核结节 ······························· 94
14. 肺部有肉样白色的肿瘤 ····································· 95
15. 肺发炎，并黏附着大量渗出的灰白或灰黄色纤维素或与胸壁黏连
    ······························································· 95
16. 整个肺变成一个紫色的血块 ································· 95
17. 肺发炎肿胀、出血或（和）水肿 ····························· 96

## （六）心血管系统异常及其相应的疾病 ···························· 97

1. 心包积液 ···················································· 97
2. 心包发炎、增厚，附着不同形状的纤维素性渗出物 ··············· 98
3. 心包上附着一层石灰样物质（尿酸盐） ························· 98
4. 心肌无光泽、苍白 ············································ 99
5. 心脏上有不同性状的紫红色出血病灶 ··························· 99
6. 心脏上同时有紫红色出血灶和灰白色坏死灶 ···················· 100
7. 心脏上有灰白色条纹状坏死灶 ································ 101
8. 心脏上有白色肿瘤结节 ······································ 101
9. 心室扩张（肥大）、心室壁变薄 ······························ 101

## （七）泌尿系统异常及其相应的疾病 ···························· 102

1. 肾脏严重出血呈紫黑色 ······································ 102
2. 肾脏肿胀、充血、出血 ······································ 102
3. 肾脏肿大、变色，并有灰白色病灶或紫色出血斑 ················ 103

4. 肾脏肿胀、出血和变性甚至坏死,呈花斑状 ········· 103
5. 肾脏上有血管瘤和其他肿瘤样变 ················ 104
6. 肾脏肿大,并呈石灰色或红白相间的花斑状(尿酸盐沉积)··· 104
7. 输尿管肿大,内有白色物积聚 ··················· 105

## (八)生殖系统异常及其相应的疾病 ············ 105

1. 种蛋孵化率低 ··························· 105
2. 产蛋率下降或停止 ······················· 105
3. 产软壳蛋或无壳蛋 ······················· 106
4. 产砂壳蛋 ······························· 106
5. 产畸形蛋 ······························· 106
6. 蛋清内有寄生虫(前殖吸虫)················· 107
7. 公鹅阴茎发炎、充血、肿大、脱出、坏死 ········ 107
8. 卵巢发炎变性、出血甚至卵泡破裂 ············ 107
9. 卵巢发炎变性、出血、卵泡破裂甚至发生卵黄性腹膜炎 ·· 108
10. 卵泡萎缩、严重出血,呈紫葡萄状 ············ 108
11. 卵巢上长有肿瘤 ························ 109
12. 输卵管(子宫)发炎,内积有干酪样渗出物 ······ 109
13. 输卵管发炎,内有寄生虫 ·················· 110

## (九)免疫系统(胸腺、脾脏、法氏囊)异常及其相应的疾病

·································· 110

1. 胸腺出血、肿大 ························· 110
2. 胸腺萎缩 ······························· 110
3. 脾脏肿大,并有灰白色坏死斑点 ·············· 110
4. 脾脏肿大,并有紫红色出血斑点和灰白色坏死点 ·· 111
5. 脾脏肿大,并有灰白色坏死斑或(和)紫红色出血灶 ··· 111
6. 脾脏严重充血、出血、肿大,呈紫黑色 ········· 112

7. 脾脏严重肿大或同时有出血 …………………………… 112

8. 脾脏上长有白色肿瘤结节或弥散性肿瘤样变性 ……… 113

9. 法氏囊萎缩 ……………………………………………… 113

10. 法氏囊出血、肿大 ……………………………………… 113

11. 法氏囊充血呈深红色，表面有针尖状灰白色坏死点 … 114

### （十）其他异常表现和发病（流行）特点及其相应的疾病 … 114

1. 生长缓慢（不良）甚至停止生长 ……………………… 114

2. 鹅胚或雏鹅孵出后不久大批死亡 ……………………… 114

3. 发病死亡只见于雏鹅，成年鹅不见病症 ……………… 115

4. 发病率和死亡率均高（80%以上） …………………… 115

5. 发病率高（50%以上）但死亡率较低（10%以下）或出现慢性死亡 …………………………………………………… 115

6. 突然倒地或同时两脚乱划后就死亡 …………………… 115

7. 鹅群中有大量鹅突然死亡 ……………………………… 115

8. 腹腔积液（腹水） ……………………………………… 116

9. 死亡鹅腹腔内有大量的血凝块 ………………………… 116

## 三 常见鹅病的诊断与防治

### （一）病毒病 ……………………………………………………… 117

1. 禽流感 …………………………………………………… 117

2. 小鹅瘟 …………………………………………………… 119

3. 鹅新城疫（鹅副黏病毒病） …………………………… 121

4. 禽呼肠孤病毒感染 ……………………………………… 123

5. 鹅的鸭瘟病毒感染 ……………………………………… 125

6. 鹅出血性肾炎肠炎 ……………………………………… 126

7. 鹅的圆环病毒感染 …………………………………… 127

### （二）细菌和真菌病 …………………………………… 128

1. 禽巴氏杆菌病（禽霍乱、禽出败） …………………… 128
2. 大肠杆菌病 ……………………………………………… 130
3. 禽沙门氏菌病 …………………………………………… 132
4. 葡萄球菌病 ……………………………………………… 134
5. 鹅的鸭疫里氏杆菌感染 ………………………………… 135
6. 坏死性肠炎 ……………………………………………… 137
7. 水禽慢性呼吸道病（水禽传染性窦炎） ……………… 138
8. 衣原体病（鹦鹉热、鸟疫） …………………………… 139
9. 禽曲霉菌病 ……………………………………………… 141
10. 家禽念珠菌病（鹅口疮） ……………………………… 143

### （三）寄生虫病 …………………………………………… 144

1. 球虫病 …………………………………………………… 144
2. 绦虫病 …………………………………………………… 146
3. 住白细胞原虫病 ………………………………………… 147
4. 组织滴虫病 ……………………………………………… 148
5. 主要几种吸虫病 ………………………………………… 149
6. 蛔虫病 …………………………………………………… 151
7. 异刺线虫病 ……………………………………………… 152
8. 螨虫病 …………………………………………………… 153
9. 鹅羽虱 …………………………………………………… 154

### （四）营养性疾病 ………………………………………… 156

1. 维生素 A 缺乏症 ………………………………………… 156
2. 维生素 $B_1$（硫胺素）缺乏症 ………………………… 157

3. 维生素 $B_2$（核黄素）缺乏症 ································· 158

4. 佝偻病（钙、磷及维生素 D 缺乏或比例失调）············ 159

### （五）中毒病 ······················································ 160

1. 磺胺类药物中毒 ·············································· 160
2. 痢菌净中毒 ···················································· 162
3. 喹乙醇中毒 ···················································· 163
4. 呋喃类药物（呋喃唑酮、呋喃西林等）中毒 ············ 164
5. 有机磷中毒 ···················································· 165
6. 食盐中毒 ······················································· 166
7. 有害气体中毒 ················································· 167
8. 黄曲霉毒素中毒 ·············································· 168

### （六）其他病 ······················································ 170

1. 中暑 ····························································· 170
2. 痛风 ····························································· 171
3. 异食癖（啄癖）··············································· 173
4. 普通感冒 ······················································· 174
5. 肿瘤性疾病 ···················································· 175

### 附录 养鹅场（户）确保鹅群健康安全的综合防疫技术 ······ 177

### 参考文献 ···························································· 190

#  鹅病诊治技术的相关基础知识

鹅病诊治是一门多种学科知识综合应用的复杂技术，要熟练掌握之，既要有长期临床实践和经验积累，也要具备兽医专业方面系统的基础理论知识，这对于多数人来说，是有一定难度的。但是，要从事鹅病诊治这方面的工作，一些相关的兽医基础知识还是需要学习和了解的。为此，根据临床实践经验，认为需要学习的这些相关兽医基础知识，在这里作一简明扼要、通俗易懂的介绍，以便读者学习和掌握。

## （一）有关鹅病诊治的一些常用名词解释

### 1. 有关机体组织的名词

**机体** 具有生命的个体的统称，包括植物和动物，如最低等最原始的单细胞生物、最高等最复杂的人类。也叫有机体。

**组织、器官、系统** 由形态相似、功能相同的一群细胞和细胞间质组合起来，称为组织。动物机体的组织分为上皮组织、结缔组织、神经组织和肌肉组织四种。

组织是构成器官的基本成分，上述四种组织排序结合起来，组成具有一定形态并完成一定生理功能的结构，称为器官，例如心、肝、肺、胃、肠等。

许多器官联系起来，成为能完成一系列连续性生理机能的体系，称为系统。如由口腔、咽、食管、胃、小肠、大肠、肛门以及肝、胆、胰等一系列器官联系起来，共同完成食物的消化和吸收，组成了消化系统。此外，还有运动、呼吸、泌尿、生殖、循环、神经、感觉和内分泌系统等。

**黏膜** 是构成管状器官管壁的最内层，具有保护、分泌和吸收的作用，如口腔、胃、肠等的消化道黏膜，鼻、气管等的呼吸道黏膜，子宫等的生殖道黏膜。

**浆膜** 是覆盖于胸腹腔内壁表层和各内脏器官外表层的一层膜，如心包膜、肝肺肾外包膜、胃肠道浆膜等。浆膜表面光滑、湿润，有减少器官间运动时摩擦的作用，也起到连系和固定作用，如肠系膜。

**气囊** 迂回于胸壁表面与胸腔中内脏表面和迂回于腹壁表面与腹腔内脏表面的一层膜，并由此分别在胸腔和腹腔中形成的囊状结构，具有润滑、缓冲和协助呼吸等功能。

**黏液** 是黏膜所分泌产生的一种富含黏蛋白的胶黏而滑润的分泌物，不同部位的黏液具有不同的功能，但都有保护的作用。

**浆液** 是动物机体内浆膜分泌的一种含有少量蛋白质、具有润滑作用、无色、透明的液体，机体正常时胸腹腔等体腔中均含有少量的浆液。

## 2. 有关病种的名词

**疾病** 动物疾病，指在一定因素（称致病因素，不论何种因素）的作用下，动物机体的正常生理代谢过程发生改变，生命功能发生障碍，机体组织受到破坏的过程，同时，也是动物机体固有的抗病能力与致病因素进行斗争的一种表现。按照病因性质分为传染病、寄生虫病、普通病（非传染性的病）、营养代谢病。按照疾病的发病过程分为：急性病、亚急性病和慢性病。按照患病组织器官分为消化系统疾病、呼吸系统疾病、心血管系统疾病、神经和运动器官系统疾病及泌尿生殖系统疾病等。

**传染病** 动物传染病是动物疾病中的一种，这种病是由病毒、细菌、支原体等病原微生物（通常称病原或病原体）侵入到动物机体后进行繁殖而引起的一种疾病，这种病的特征是通过多种途径，可以将病原微生物传染给另一个动物，迅速在动物群体内传播而引起大批发病。

**寄生虫病** 寄生虫病也是疾病的一种，是因寄生虫寄生在动物体表或体内，并破坏动物的生命机能而引起的动物发病。

**疫病** 动物疫病常指动物传染病，但由于动物寄生虫病具有传染性的特征（一个寄生虫体经过寄生虫的生活史，可以感染到另一个动物），而且危害也严重，所以现在通常所说的动物疫病包括了动物传染病和动物寄生虫病。

**普通病** 是由化学、物理性致病因素引起的、没有传染性的疾病。

**中毒病** 是指鹅接触或食（吸）入了某种毒物而引起的疾病，常见的毒物有各种农药、重金属、化学品、霉菌毒素等，许多药物给鹅多量使用或多次使用后也会造成中毒，还有食入了有毒的草也可造成中毒。属于普通病的一种。

**营养性疾病** 是指因长期缺乏或过多地摄入某种营养性物质而导致动物发病。

**群发病** 是指一个动物群体内多个不同个体同时或先后连续发生同一种疾病。群发病常指中毒病和营养性疾病。

## 3. 有关临床症状和病变等表现种类的名词

**发病（流行）特点** 指不同动物疾病在发生、传播和发展过程中，有各自不同的规律、特征和因果关系。

**临床症状** 指动物在疾病发生、发展过程中呈现出来的各种外在异常表现。

**病理变化（简称病变）** 指动物在疾病发生、发展过程中呈现出来的一系列组织或器官发生的眼观和显微变化及机能改变。

**剖检病理变化** 动物尸体被剖解后，各种组织或器官呈现的眼观变化，常常又称为病理变化、病理剖检变化。

**发病率** 指动物发病个体数占该发病群体总动物数的比例，常用百分率表示。

**死亡率** 指动物死亡个体数占该发病群体总动物数的比例，常用百分率表示。

**病死率** 指动物死亡个体数占该发病群体总发病动物数的比例，常用百分率表示。

**出血** 指血液流出血管或心脏的一种病理过程。发生出血部位的器官组织表面，因病程不同，常可见形态不一、大小不等的呈红色、紫红色或紫黑色、红褐色的病灶。

**贫血** 全身循环血液中红细胞总量或单位容积血液内红细胞数量及血红蛋白含量低于正常值的，称为贫血。贫血的鹅，血液稀薄，可视黏膜和皮肤苍白，器官颜色变淡。

**充血**　指局部组织或器官因小动脉扩张而流入的血量过多的现象。发生充血的器官组织常表现肿大，颜色变得深红。

**淤血**　指局部组织或器官因静脉回流受阻，血液淤积在局部组织的血管内。发生淤血的器官组织常表现肿大，颜色变得发紫。

**坏死**　是指活的动物机体内局部组织细胞或器官的病理性死亡。坏死组织缺乏光泽，混浊，常呈灰白色，失去正常组织结构和弹性，组织切断后回缩不良。

**水肿**　是指过多的体液积聚在组织间隙或体腔中，其中体腔内体液积聚过多又称积水。发生水肿的组织器官常表现为肿胀、色泽变淡、呈胶冻样，切开水肿部位可有水样流出。

**脱水**　机体由于水分丧失过多或摄入不足而引起的体液减少，称为脱水。病鹅常表现出皮肤松弛，严重时眼睛下陷，一般表现口渴。

**败血症**　指病原微生物侵入动物体内，在局部组织和血液中持续繁殖，并产生大量毒素，广泛组织受到损害，使动物机体处于严重中毒状态和全身性病理过程。特征表现是动物机体的血液往往凝固不良、全身黏膜和浆膜广泛出血、实质器官变性等。

### 4. 有关炎症种类的名词

**炎症（发炎）**　是指机体对各种致炎因子损伤的一种防御性反应。在血管、神经、体液和细胞的参与下，炎症的局部有变质、渗出和增生，同时也有不同程度的发热等全身反应。因此，炎症又分变质性炎症、渗出性炎症和增生性炎症。

**变质及变质性炎症**　是指炎症区局部细胞组织的变性（即细胞或细胞间质的形态学改变，并伴有结构和功能的改变）和坏死。以变质为主、渗出和增生变化轻微的一类炎症称为变质性炎症。

**渗出、渗出液及渗出性炎症**　是指炎症区的血管内液体和血细胞进入组织的现象。渗出的液体称为炎性渗出液。以渗出变化为主的一类炎症称为渗出性炎症。

**增生及增生性炎症** 因致炎因子和炎症区代谢产物刺激,活化了巨噬细胞、血管内皮和外膜细胞以及炎症区周围的成纤维细胞增生,使炎症局限化和损伤组织得到修复的过程。以增生变化为主的一类炎症称为增生性炎症。

**浆液性炎症** 属于渗出性炎症的一种,渗出液中以血浆白蛋白为主,另有少量纤维蛋白和白细胞等。

**卡他性炎症** 是指黏膜组织发生的一种渗出性炎症。

**纤维素性炎症** 属于渗出性炎症的一种,以渗出液中含有大量纤维蛋白(纤维素)为特征。纤维素呈丝状、絮状、片状、网状和膜状,纤维素可悬浮于渗出液中,也可覆盖于脏器黏膜或浆膜表面,或与脏器深层组织紧紧黏合。

**化脓性炎症** 属于渗出性炎症的一种,在炎症区渗出液中含有大量嗜中性粒细胞,并伴有组织坏死和脓液形成。

## (二)健康鹅组织器官的彩色图谱

下列图示是健康鹅放血致死后的各种脏器组织性状。

### 1. 皮肤及皮下、肌肉

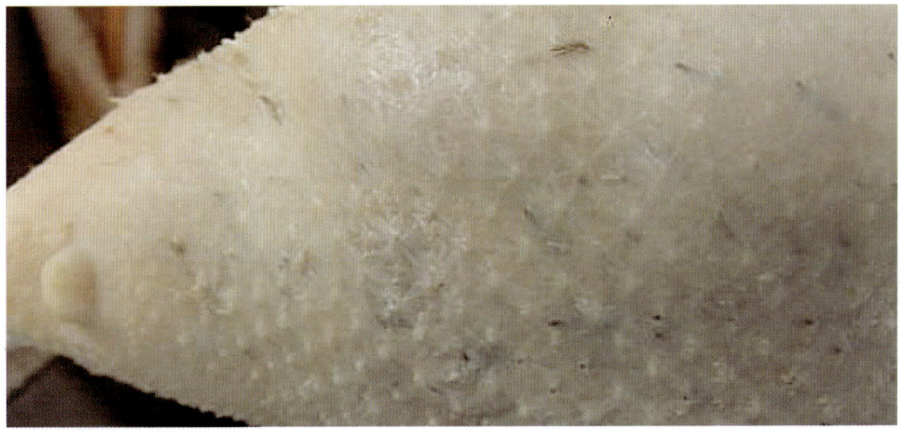

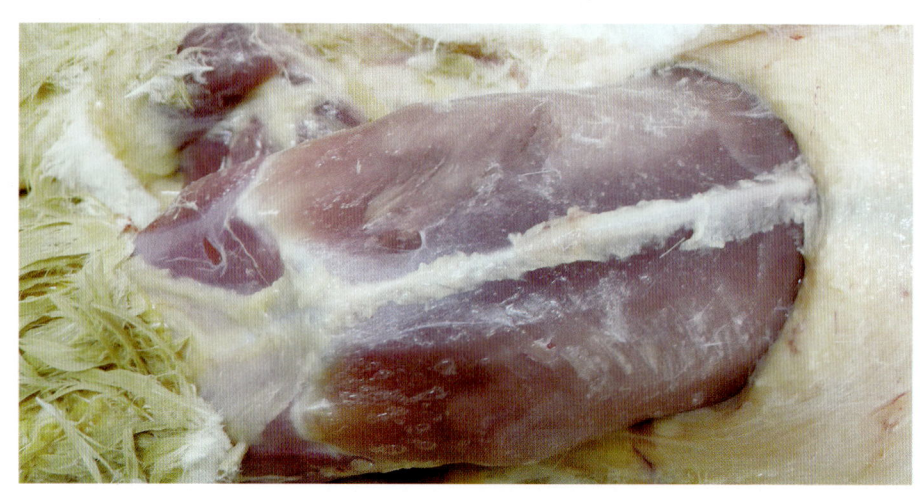

2. 口腔、腭裂、喉头、咽、食道及其黏膜、气管及其黏膜

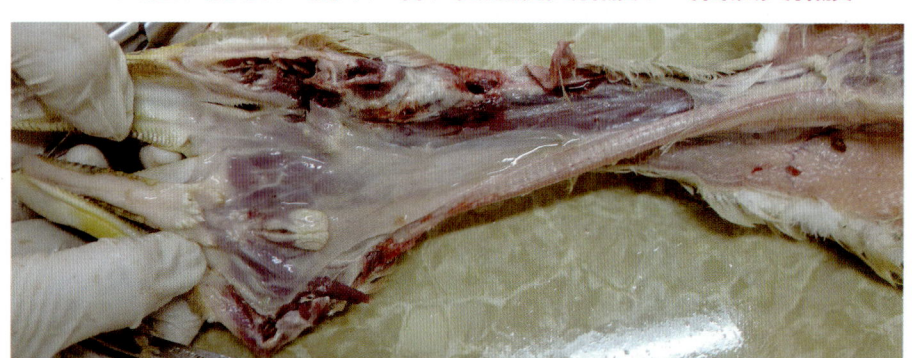

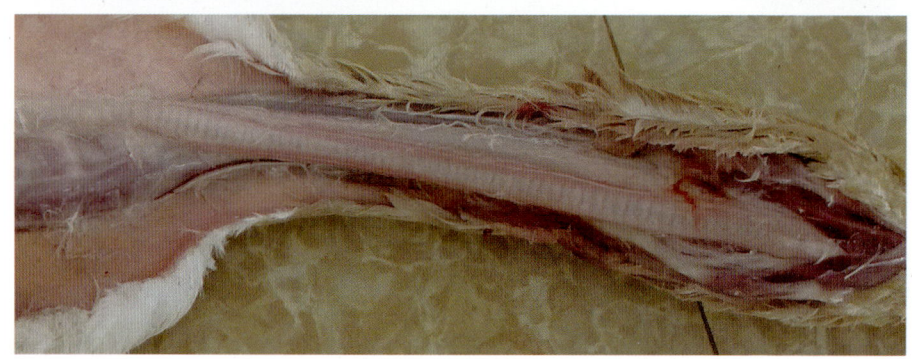

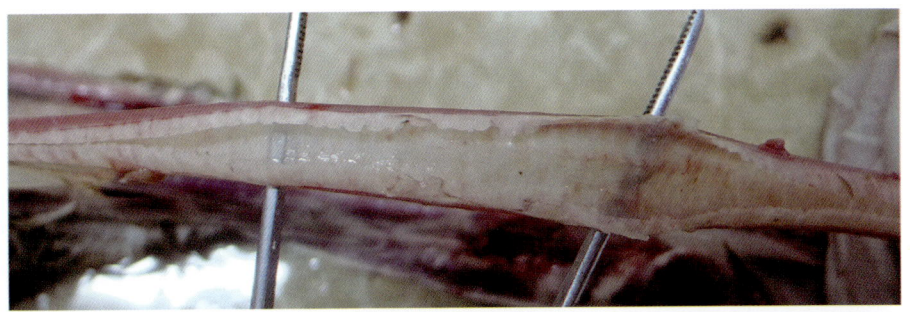

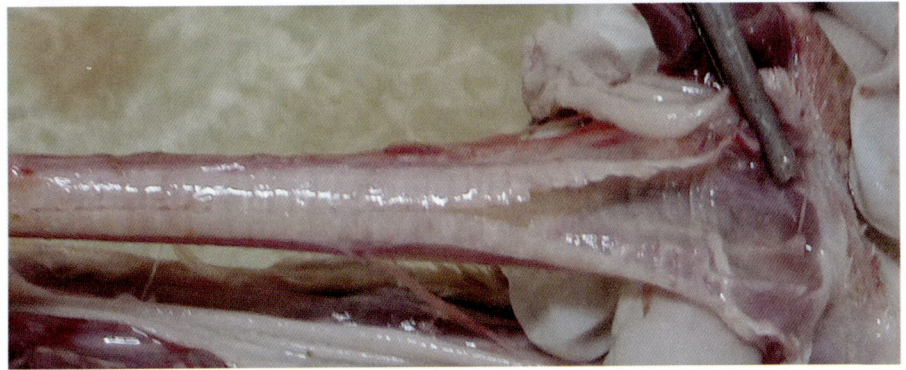

### 3. 胸腹腔、脂肪、肌胃、肝、肺、气囊、小肠及其黏膜

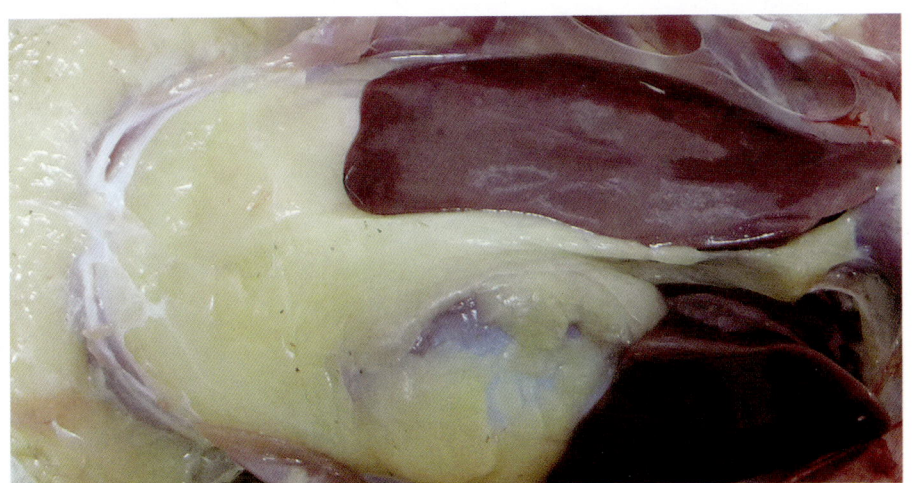

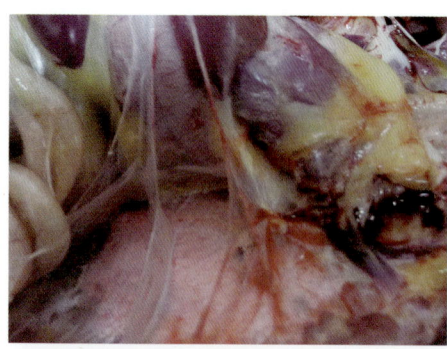
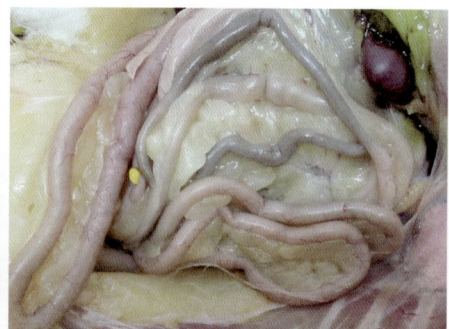

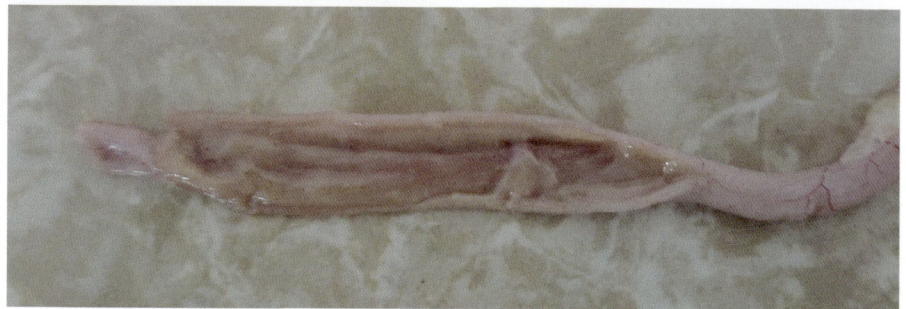

4. 心包、心脏、心内膜

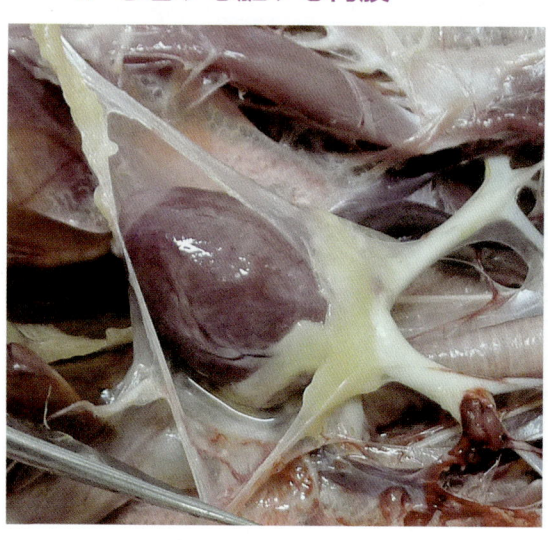
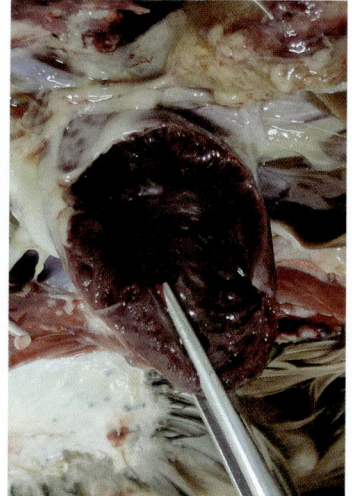

## 5. 腺胃及其黏膜、肌胃及肌胃角质层、肌胃上的脂肪、脾脏

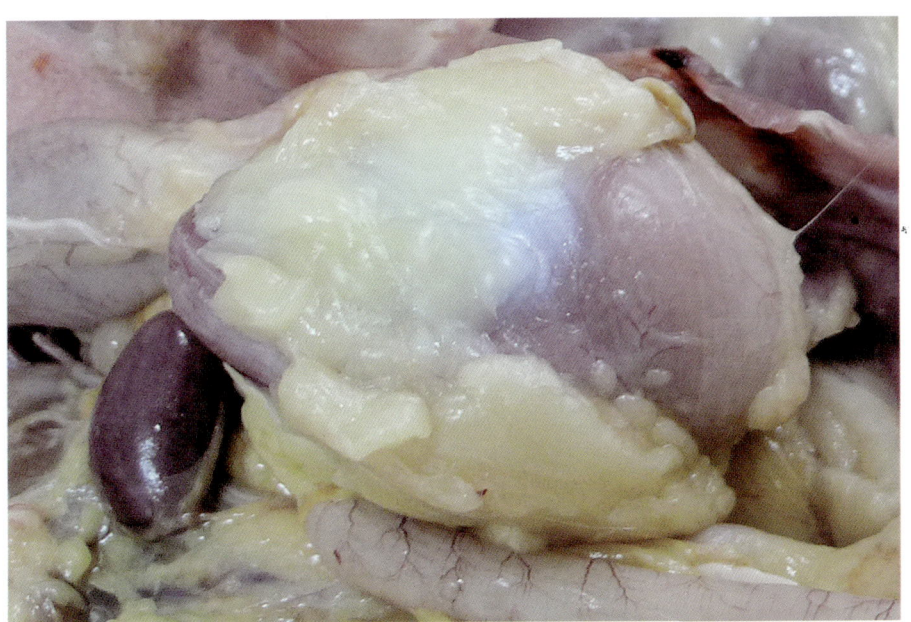

## 6. 胰腺、十二指肠、肝脏

## 7. 肾及输尿管

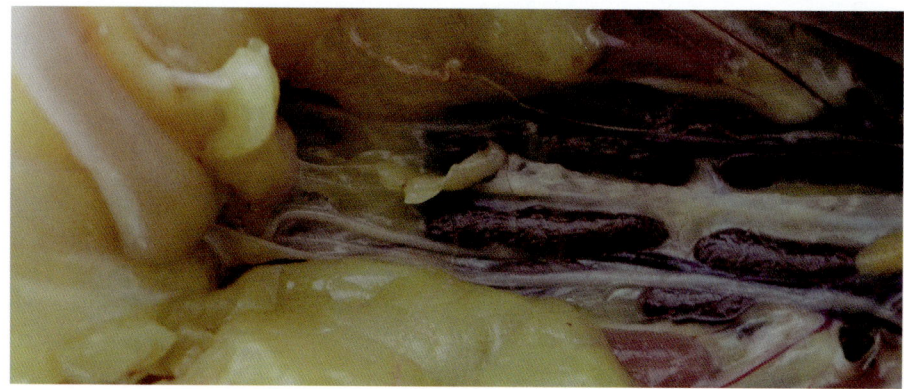

## 8. 盲肠及其黏膜

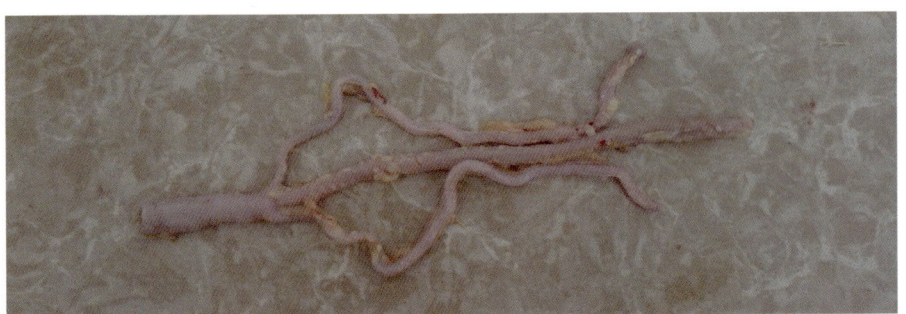

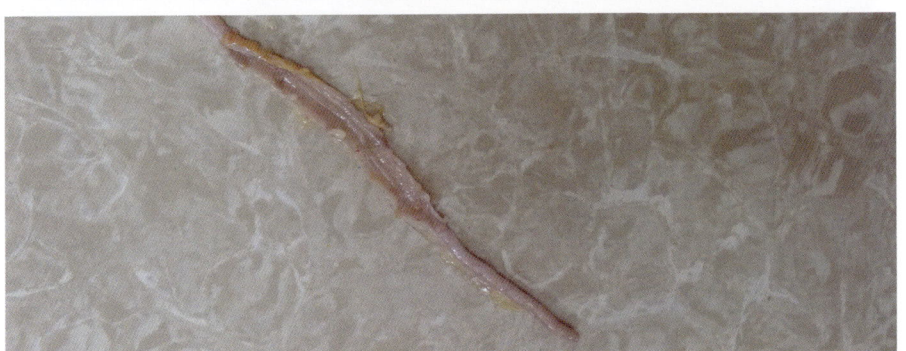

## 9. 泄殖腔、直肠及其黏膜

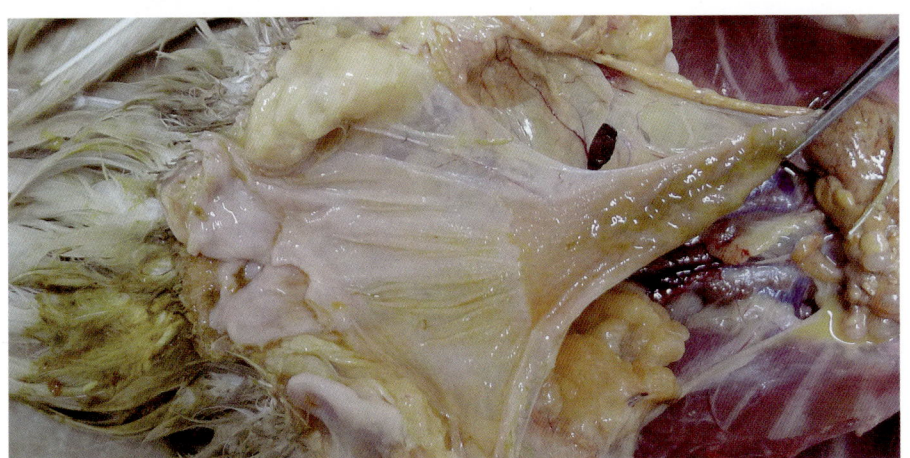

**10. 产蛋鹅的卵巢、大小不等的卵泡（子）及输卵管**

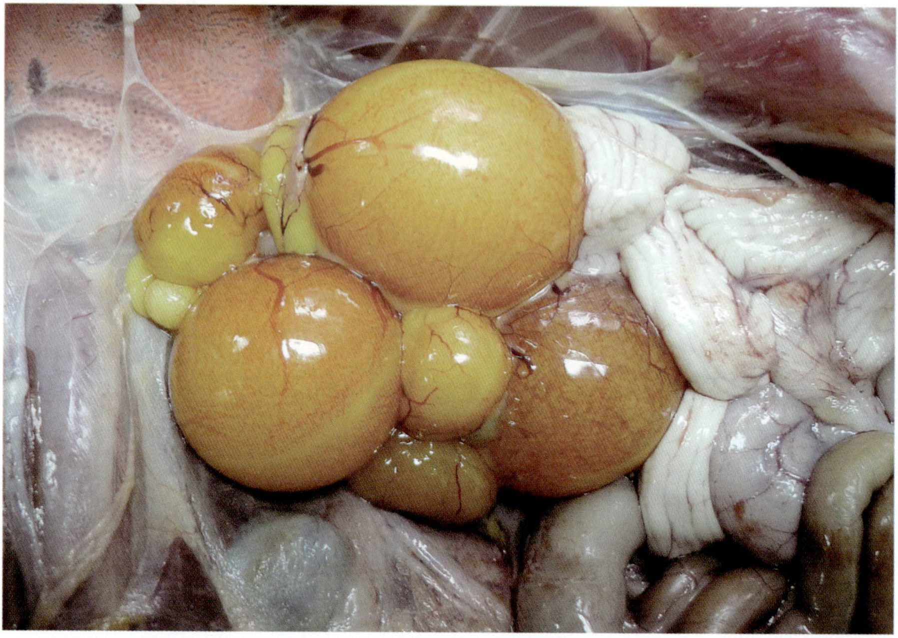

**11. 产蛋鹅的输卵管及其黏膜（有纵向皱褶）、子宫及其黏膜**

## 12. 80余日龄鹅的法氏囊及其囊腔内膜

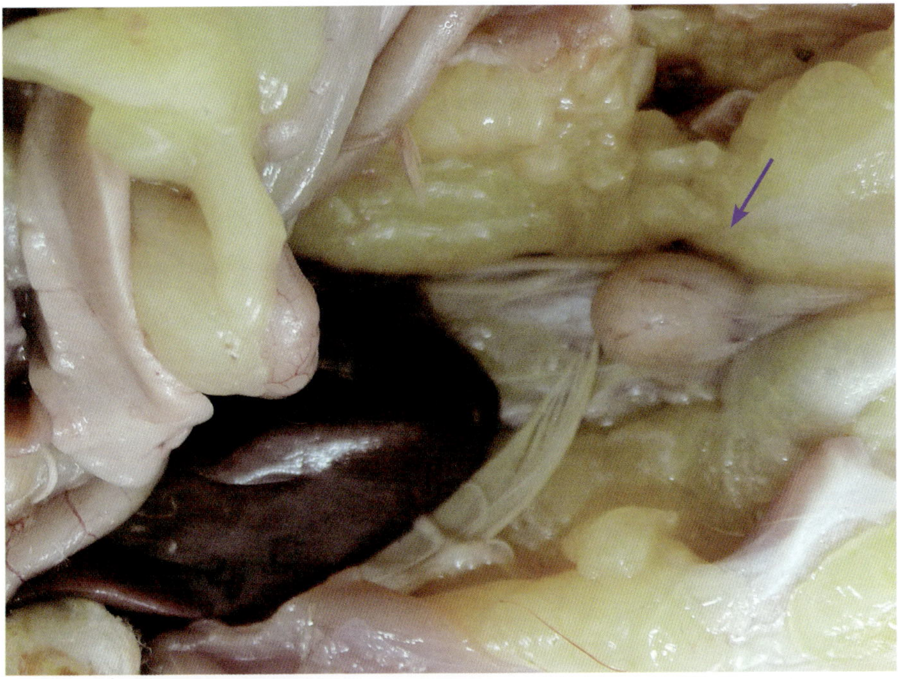

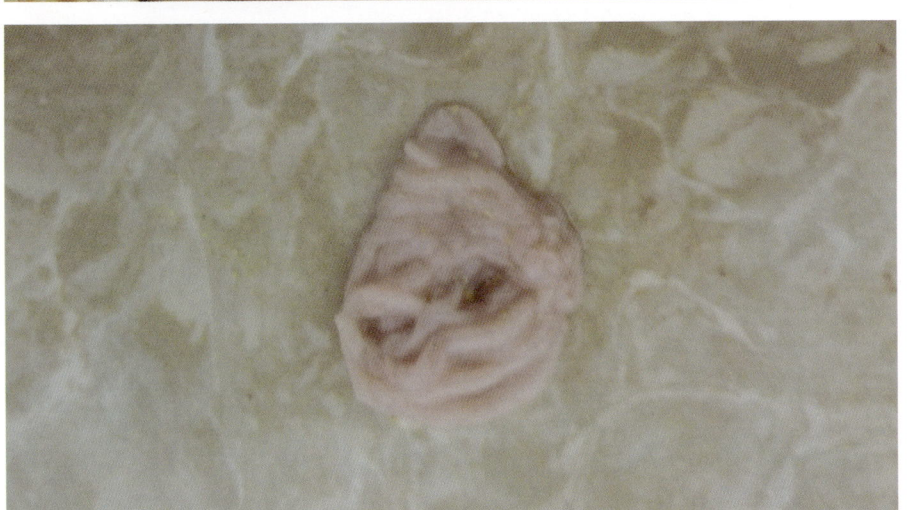

## （三）检查了解病死鹅异常表现的基本方法与程序

正确检查了解病死鹅的异常表现，是认识鹅病本质的前提，是正确诊断病鹅的关键。经过长期的临床实践，广大兽医科技工作者已经总结出了一套利用我们的眼、耳、鼻、手等感觉器官，来正确检查了解病死鹅异常表现的基本方法和程序。作为一名鹅病临床诊治工作者，应首先学习和掌握。随着科学技术的发展，检查了解病死鹅异常表现的方法越来越科学，可以借助多种仪器设备和实验的方法进行检查。因此，现在检查了解病死鹅的异常表现，一般通过三个步骤：即查病史、看体内外变化、做实验。具体方法是：问、望（视）、测、切（触）、闻（嗅）、听、剖检等和采集病料送实验室检验。

### 1. 问

就是以询问的方式，向饲养管理人员调查了解发病鹅群的病史，包括已经发现的病鹅临床症状、发病时间、发病日龄、发病率和死亡率、病情发展态势、以往发病情况和周边地区发病情况、养殖管理方式以及发病前饲养管理方法包括饲料的变化等内容。

### 2. 望（视）

就是用肉眼观察病死鹅的异常表现及发病鹅所处环境。一要观察鹅群中病鹅所占的比例和发病的主要群体。二要观察病死鹅全身体表变化、精神状态、排泄物变化、形态和姿势以及呼吸、采食、运动等生理活动情况。三要观察发病鹅所处环境状况。

### 3. 测

就是借助一些器械测量一些生理指标，主要测量病鹅的体温、呼吸等变化。

一 鹅病诊治技术的相关基础知识

## 4. 切（触）

就是用手去触摸病死鹅某一部位，以判定病变的位置、形状、温度、硬度与敏感性等，通常用来检查体表脓肿、肿块等。

## 5. 闻（嗅）

就是用我们的嗅觉去辨别病死鹅的排泄物、分泌物和剖解后内脏及其内容物的气味变化。

## 6. 听

就是用我们的耳听病鹅发出的异常声音，如咳嗽、气喘等声音。

## 7. 剖检

就是借助刀剪等器械，对病死鹅进行尸体剖解，以观察体内各器官组织的异常变化。一要观察器官组织的大小形态变化。二要观察器官组织的色泽变化。三要观察器官组织的质地变化。四要观察器官组织内有无异物及其性状。

## 8. 实验室检验

就是采集病死鹅体上相应的器官组织样品（病料），送实验室借助相应的仪器设备、采用相应的实验方法，检查肉眼等人感觉器官无法直接观察到的发病鹅异常表现。常用来检查发病鹅病原（病因）、微观病理变化等。

## （四）简便实用的病死鹅剖检方法图示

### 1. 颈喉部放血致死

剪断颈动脉和静脉，不可剪开喉气管和食道，避免血液流入喉气管和食道。

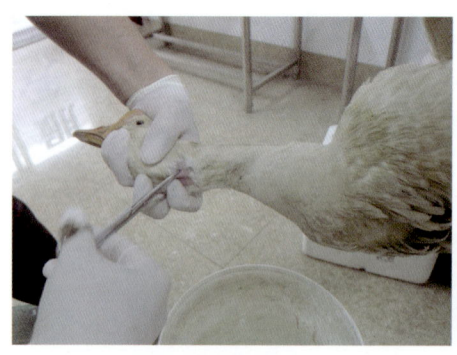
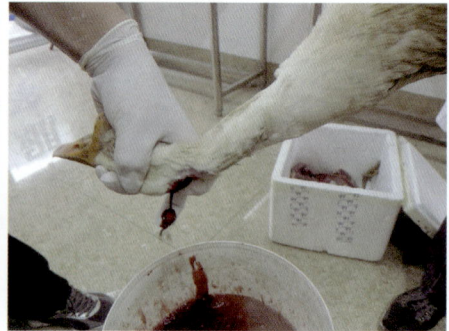

**2. 浸泡消毒尸体**

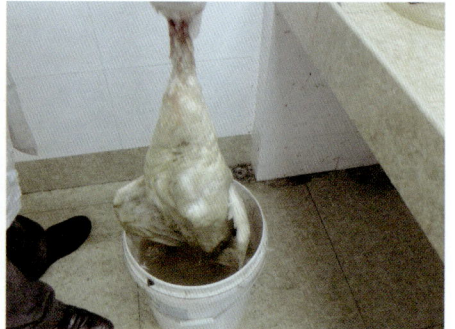

**3. 固定尸体**

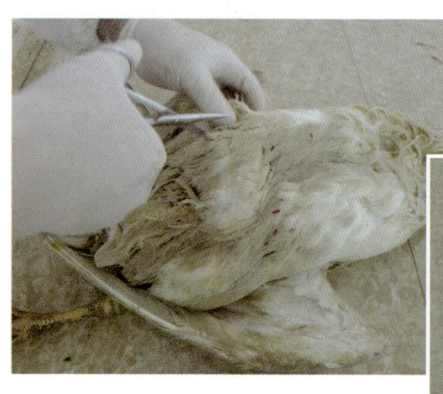
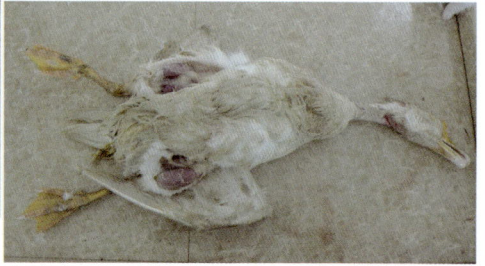

### 4. 分离、检查皮肤和肌肉

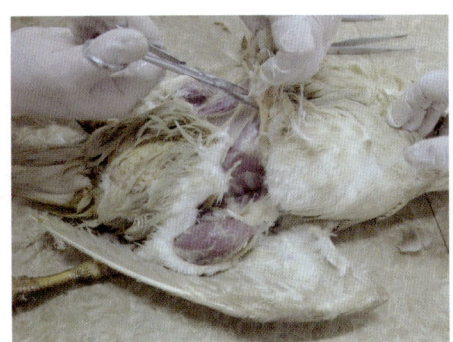
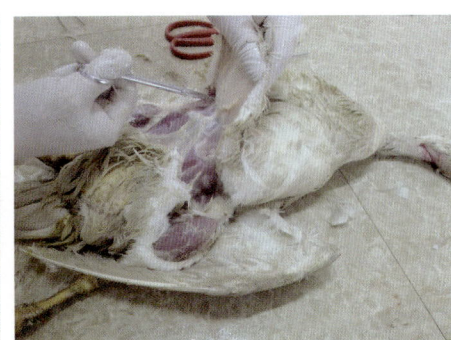

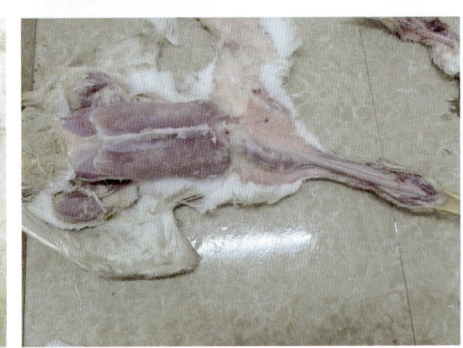

### 5. 打开胸腹腔

用剪刀按图示剖解，最后剪断锁骨和肌肉等组织，也可两侧同时剪开，注意防止剪破内脏器官。

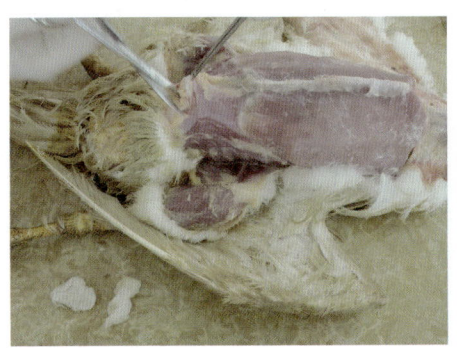
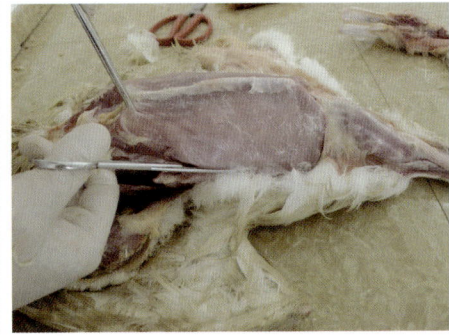

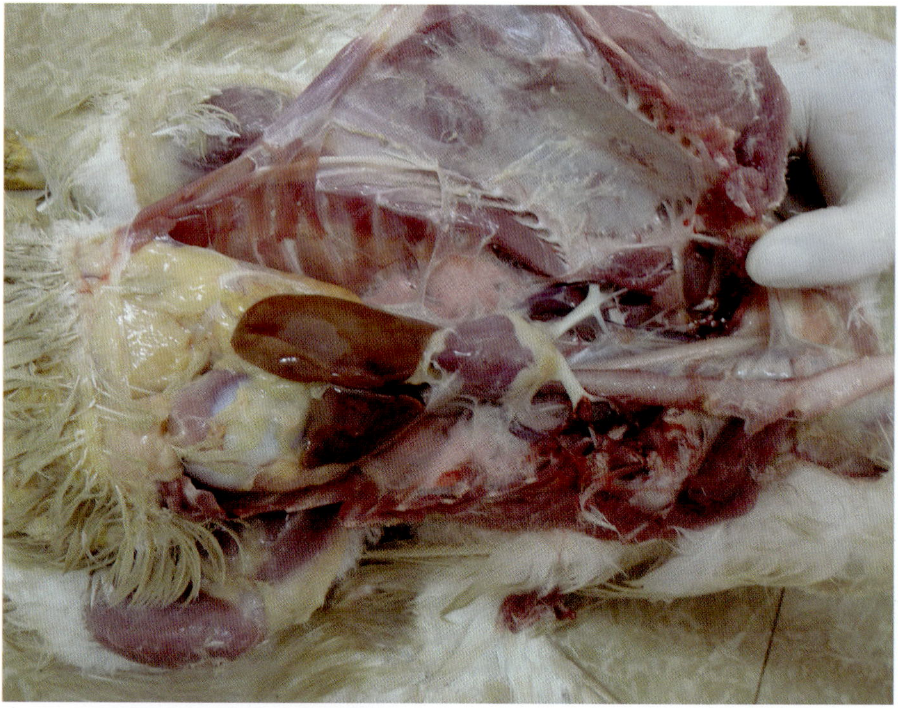

6. 检查气囊膜和胸腹膜

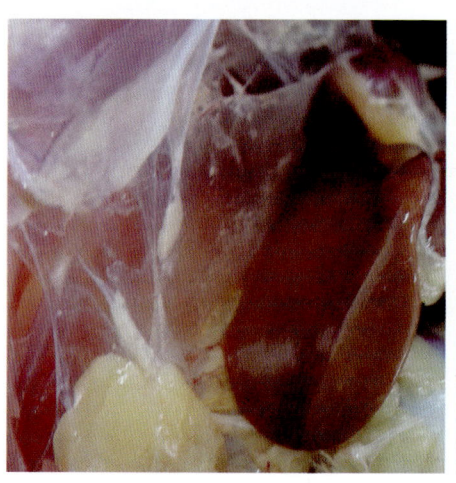
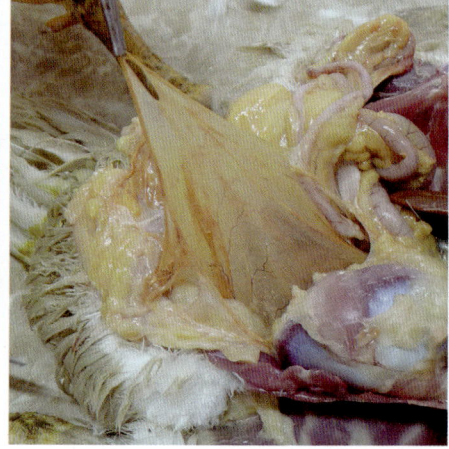

## 7. 检查肝和胆、脾、肺、胰腺及脂肪等内脏

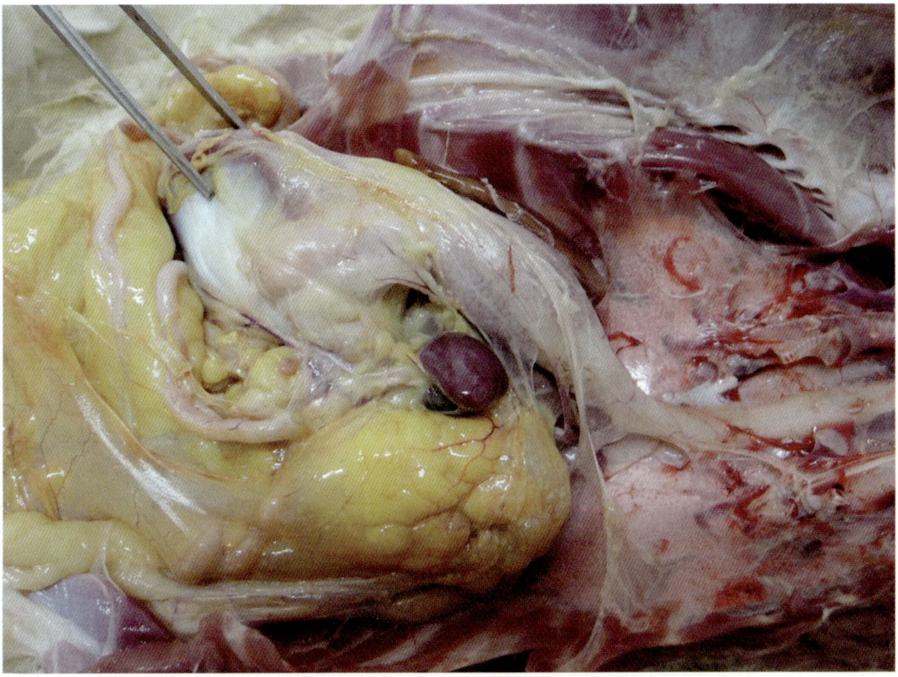

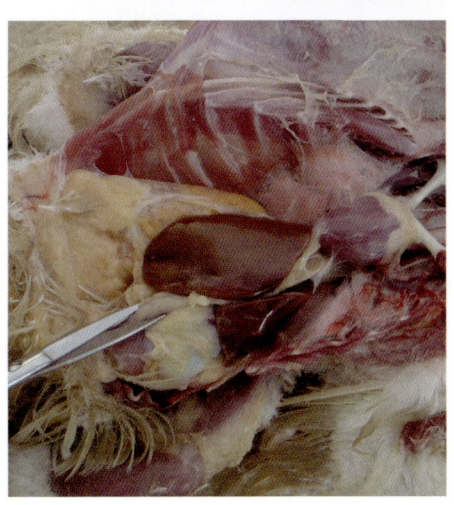

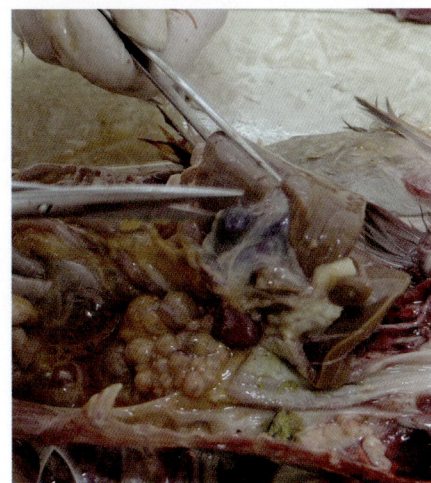

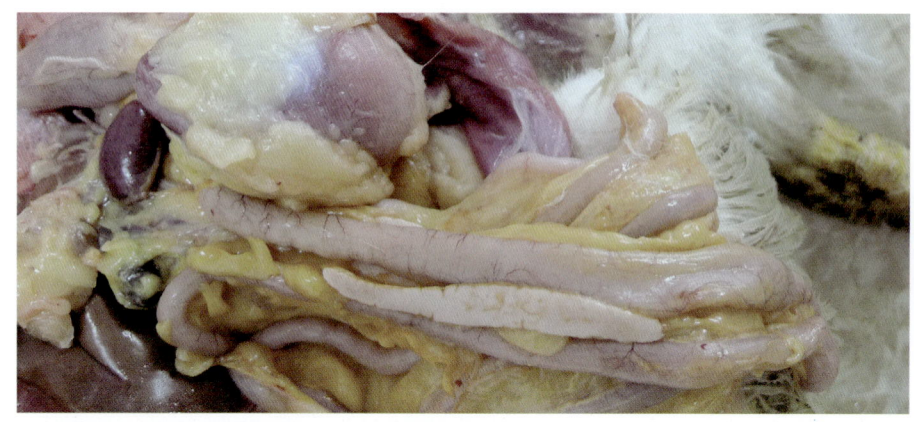

### 8. 检查心包和心脏

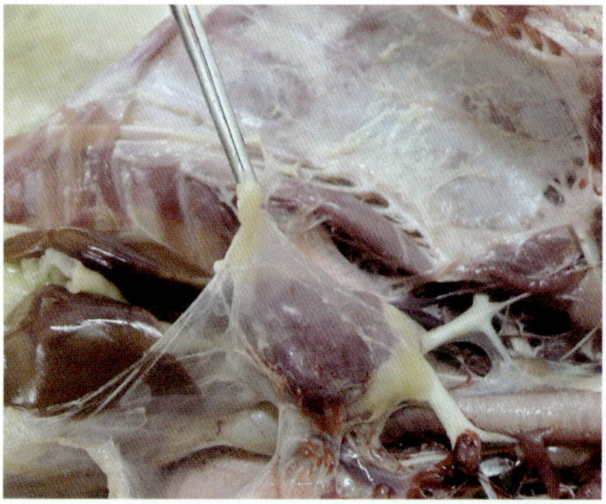

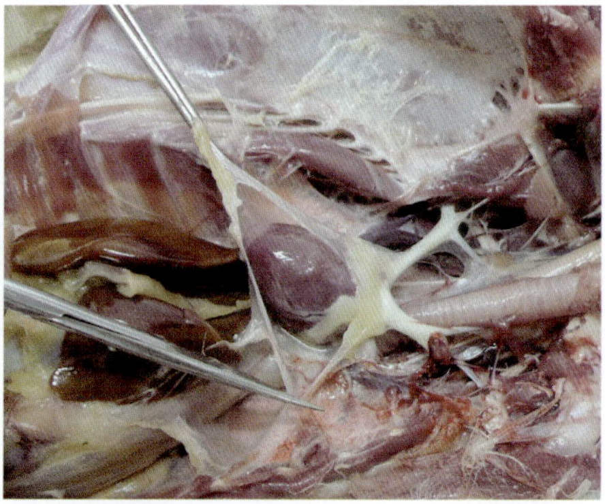

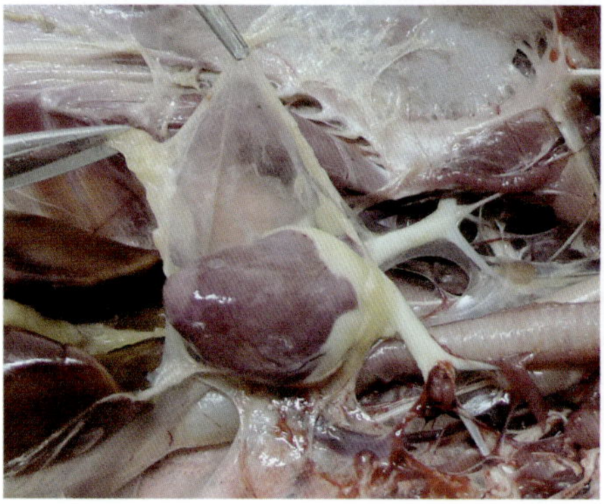

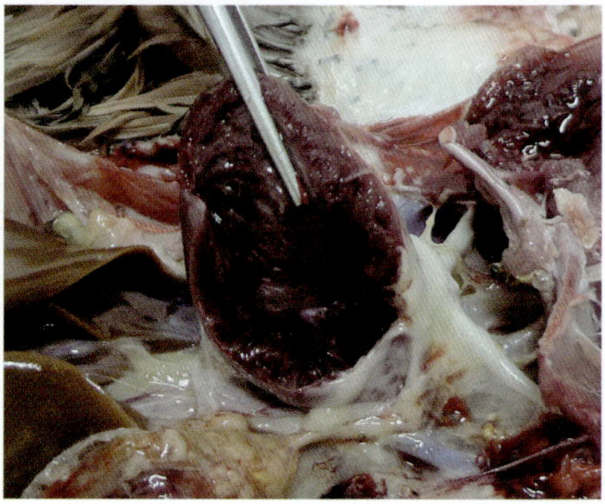

## 9. 检查肾脏及输尿管

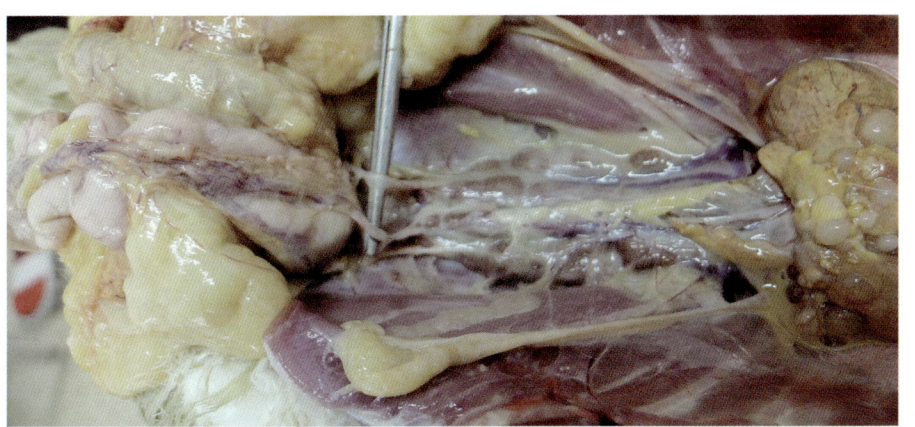

## 10. 检查卵巢、输卵管（黏膜皱褶为纵向）和子宫

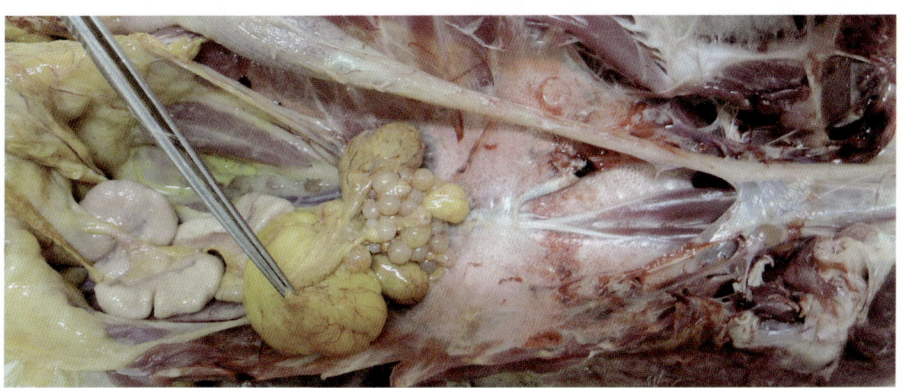

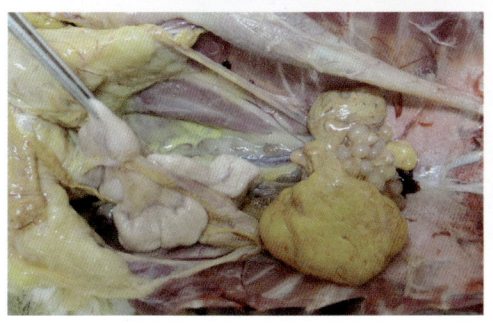
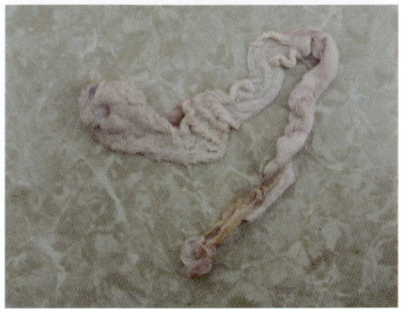

### 11. 检查胸腺和法氏囊

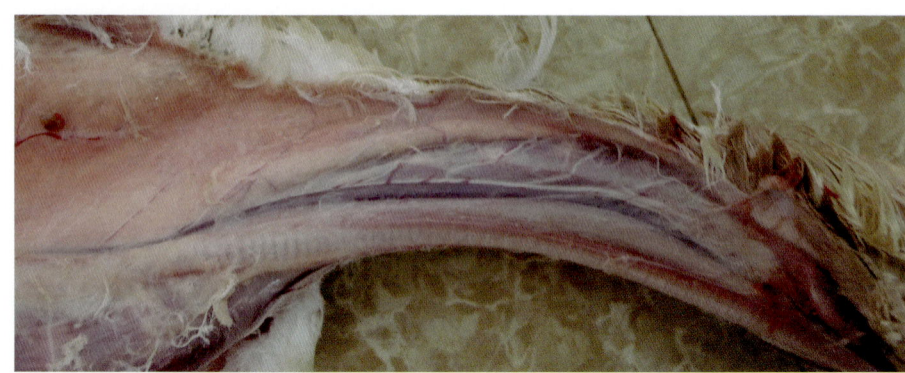

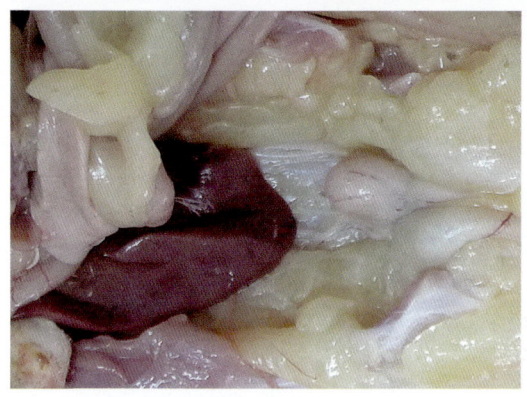
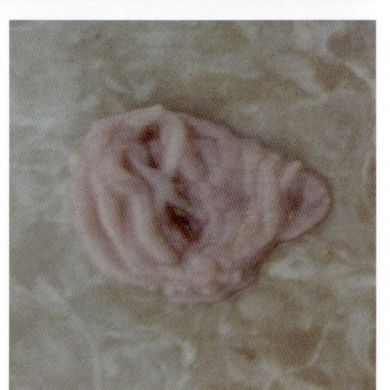

### 12. 检查鼻腔和眶下窦

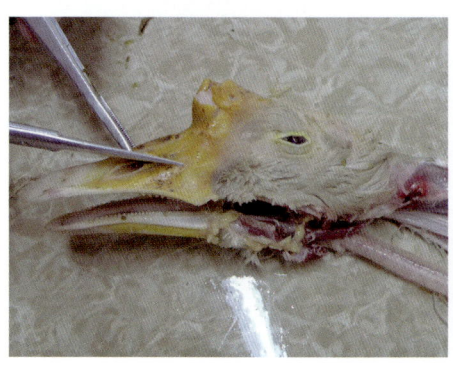
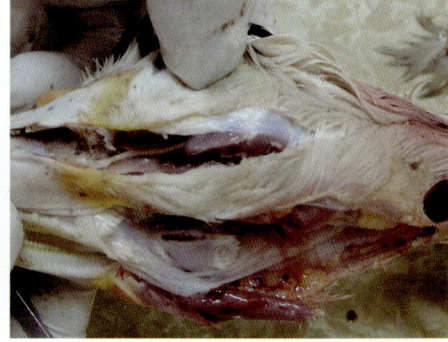

## 13. 检查口腔和食道

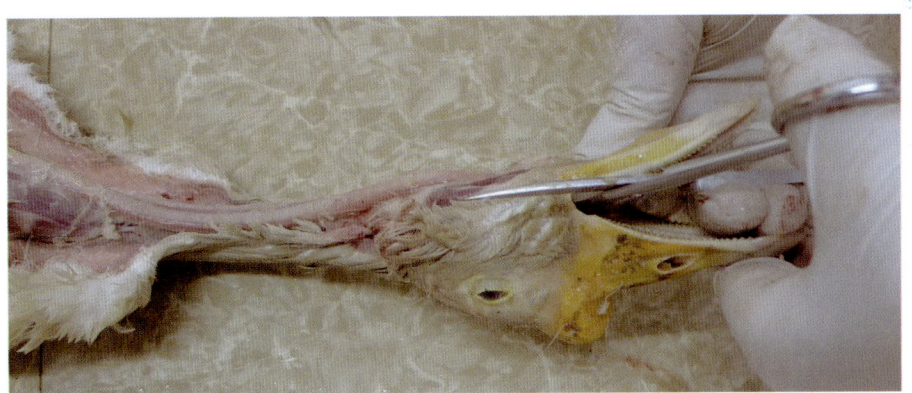

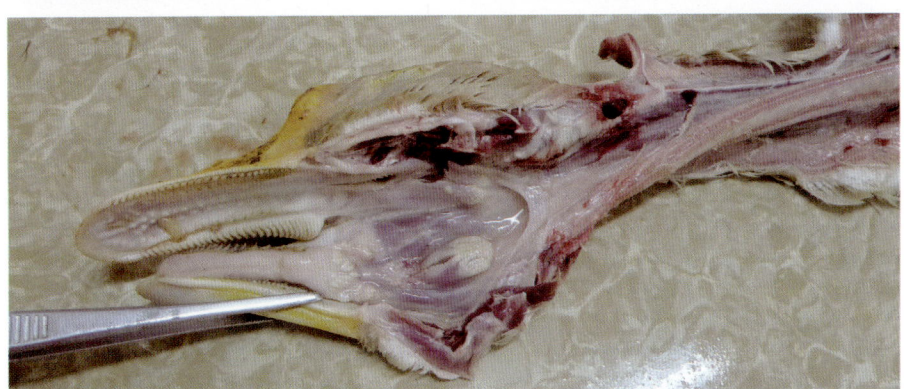

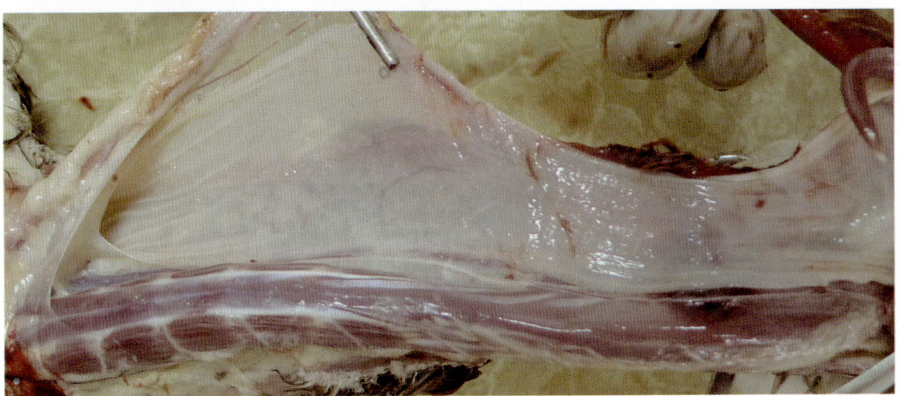

## 14. 检查喉头、气管、支气管、肺和胸壁

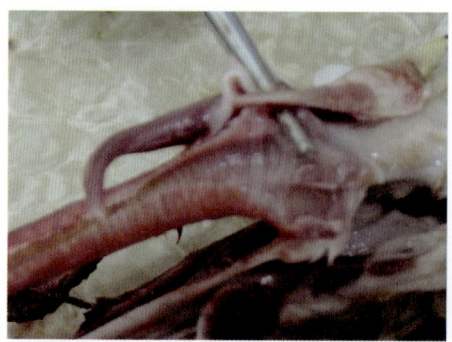
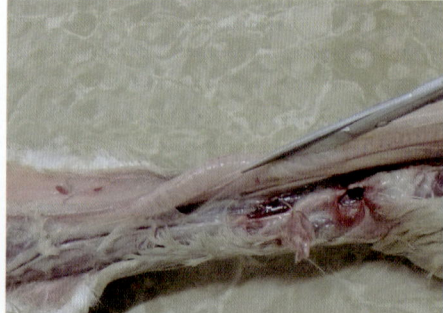
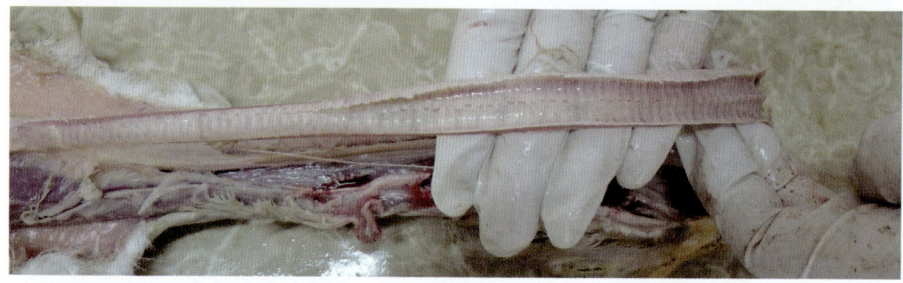
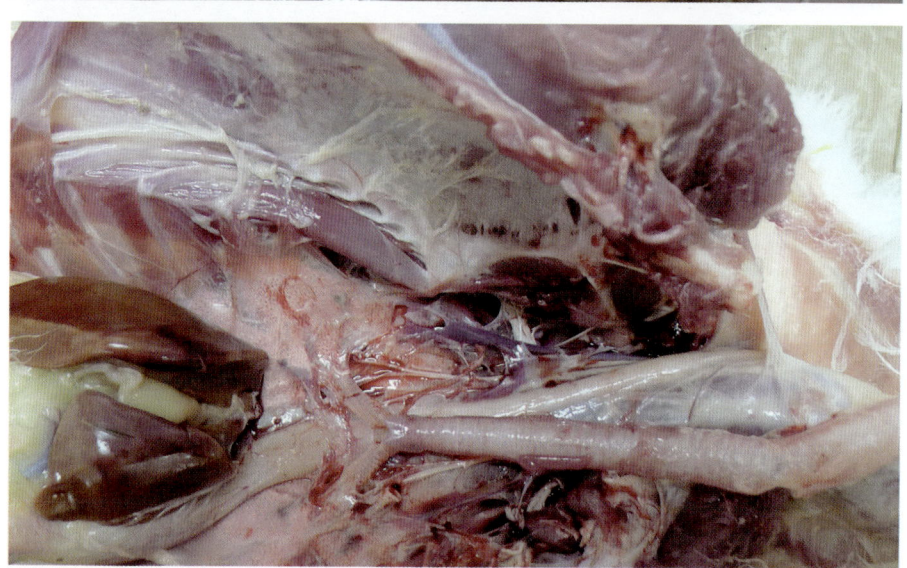

## 15. 检查腺胃、肌胃

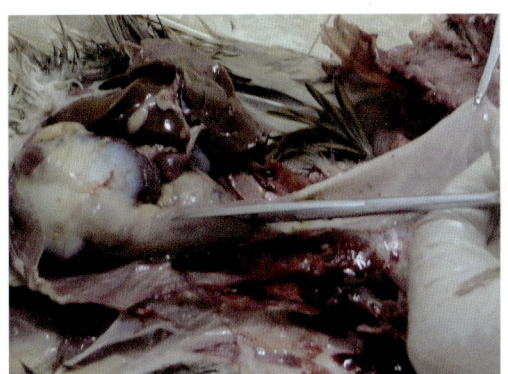

## 16. 检查肠道

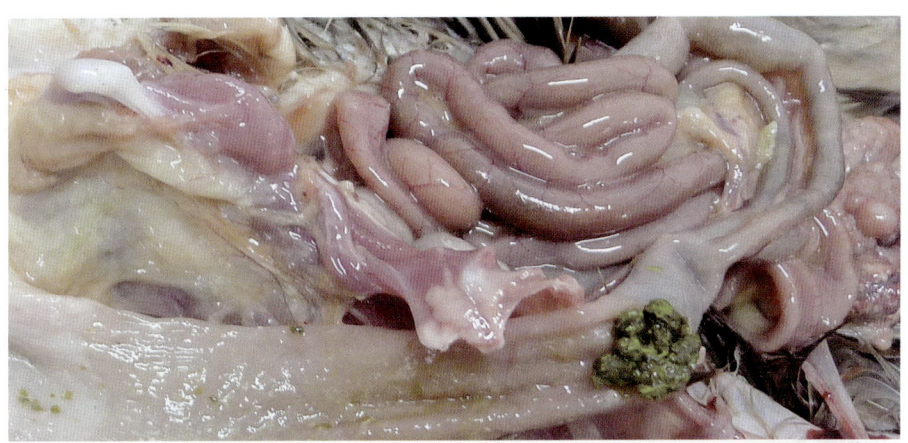

## 17. 检查盲肠

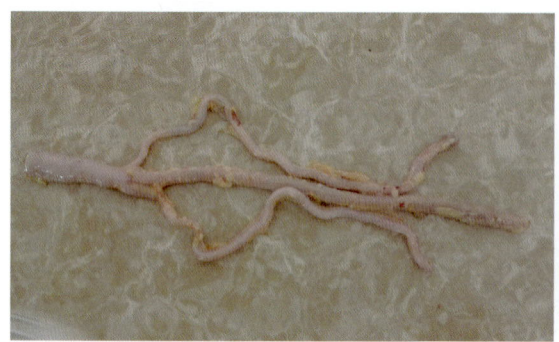

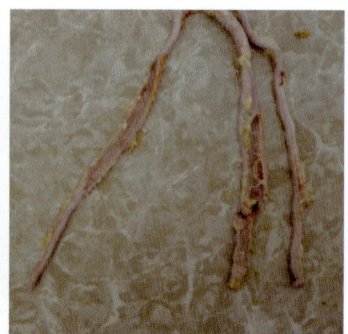

## 18. 检查直肠、泄殖腔

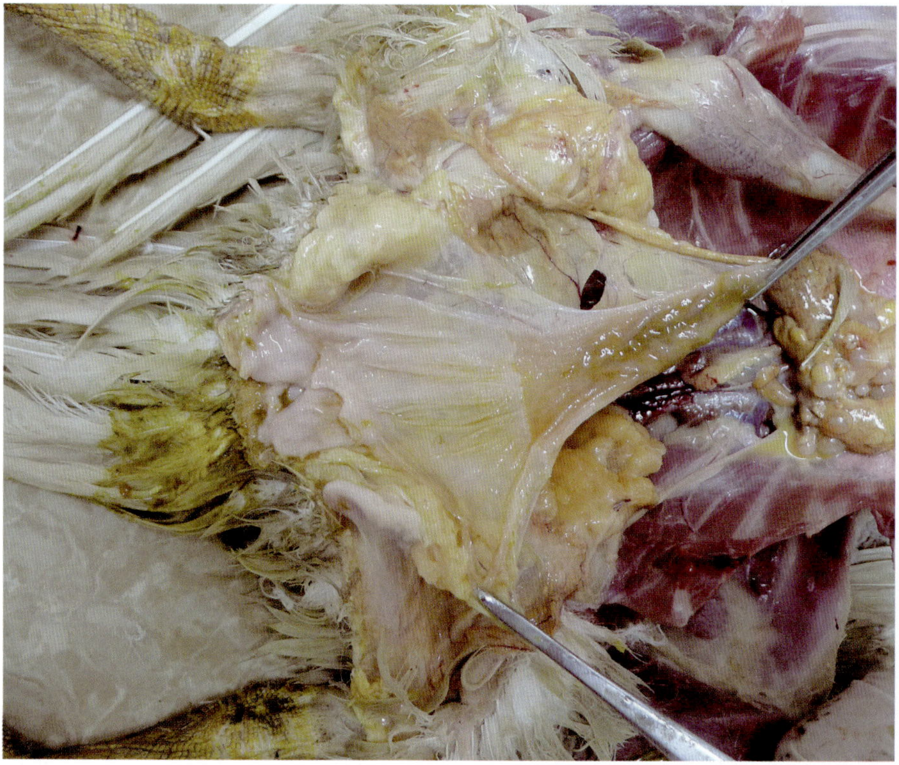

## （五）疾病诊断过程中应注意的问题

鹅发病是一个复杂的过程，各种鹅病表现形式也各不相同并在不断变化。一方面，同一种鹅病在不同的地方、不同的时间、不同的鹅身上发生，其表现形式可能不一样；在发病的不同阶段，表现也不一样。另一方面，不同的鹅病却有许多相同的表现。因此，在临床诊断鹅病时，应观察了解发病鹅的各种异常表现，并进行比较、综合分析后才能作出判定。当鹅发生混合感染或继发感染时，病鹅所产生的临床症状、病变和发病特点等异常表现更为复杂。有的病鹅，几种疾病感染后每种疾病的表现特征都有；有的病鹅，一种疾病的表现占主要地位；有的病鹅，一种疾病掩盖了另外一种疾病的表现。如果病鹅所具有的各种异常表现确实复杂，要作出正确诊断，必须开展实验室检验工作。

# 二、各种病（死）鹅异常表现及其相应的疾病

## （一）行为、运动和神经组织异常及其相应的疾病

### 1. 精神不振（委顿），常呈嗜睡状

这是一种常见的临床症状，又称精神沉郁。病鹅表现为无精打采，常卧地不愿走动、闭目似睡、缩颈或低头无力、行动呆滞、羽毛粗乱，对食物不感兴趣、少食或不食。禽流感、小鹅瘟、鹅新城疫等病毒病，葡萄球菌病、禽出败等细菌病，多种寄生虫病，还有有机磷中毒、喹乙醇中毒、中暑等大多数疾病，在发病过程中均可出现这样的症状，所以在诊断疾病时要详细检查病鹅的其他异常变化。

### 2. 食欲不良

这是多数疾病共有的症状，如发生禽流感、禽出败、禽曲霉菌病、球虫病等多数传染病、寄生虫病以及一些微量元素缺乏和中毒病时，病鹅均可表现出食欲不良或停食的现象。因此，在诊断疾病时应详细检查病鹅的其他异常表现。

### 3. 对食物啄而不食或随即甩弃

发生小鹅瘟时,病鹅食欲下降或废绝,而有些病鹅仍有采食的动作,但采之不食或随即弃之,并日后拒食。

### 4. 病鹅聚堆

一些疾病发生后,病鹅有一个共同的表现就是怕冷,为取暖而互相聚集在一起,如禽沙门氏菌病、脐炎型葡萄球菌病、禽呼肠孤病毒感染引起的雏鹅脾坏死症、普通感冒、喹乙醇中毒等;但遇到受冷、突然停电、外来动物(如狗、猫等)突然闯入产生惊吓等也会导致鹅群扎堆。因此,在诊断疾病时应详细检查病鹅其他异常表现。

### 5. 躯体倒翻呈各种姿势、头脚翅盲目划动

这是共济失调严重的表现,病鹅既不能站立也不能平稳卧地,而是躯体呈各种异常姿势倒在地上,有的侧翻、有的仰卧,头脚翅又盲目地出现多种形态的划动。在发生禽流感、小鹅瘟、禽呼肠孤病毒感染引起的雏鹅脾坏死症、鹅的鸭疫里氏杆菌感染、禽沙门氏菌病等传染病以及食盐中毒或黄曲霉毒素中毒鹅濒死前的病例中,常常出现这种症状。

### 6. 角弓反张

这是一种特征性的神经症状,因神经持续性兴奋导致鹅的颈、背、腿等部位肌肉持续强直痉挛收缩而引起。不同程度地表现出头颈、躯干

僵硬，头颈向背后仰甚至伸直，腿往往向后伸，整个躯体仰曲如弓。这种症状常见于禽沙门氏菌病、鸭疫里氏杆菌感染鹅（濒死前）、禽曲霉菌病、维生素 $B_1$ 缺乏症、黄曲霉毒素中毒或一氧化碳中毒等病，一些鹅出血性肾炎肠炎的病例也可出现此症状。

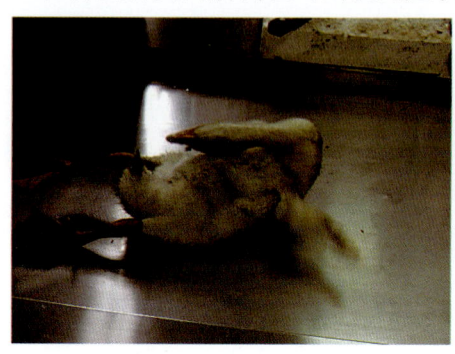
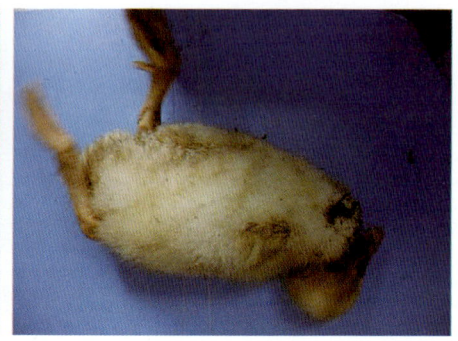

### 7. 抽搐（痉挛）

这是一种神经症状，表现为鹅颈部或腿部等部分肌肉不由自主地、阵发或持续地过度甚至强直性收缩。发生脑炎型大肠杆菌病、磺胺类药物中毒、一氧化碳中毒、有机磷中毒、食盐中毒等病时，常常出现这种症状；但其他许多疾病，如小鹅瘟、鹅的鸭疫里氏杆菌感染、家禽念珠菌病、鹦鹉热、黄曲霉毒素中毒等，在病鹅濒死期也有此表现。

### 8. 打喷嚏

发生水禽传染性窦炎、禽流感、普通感冒等病时，因上呼吸道和眶下窦发炎渗出，形成阻塞物而妨碍呼吸，为试图排出上呼吸道中的渗出物以解除因呼吸障碍带来的痛苦感，病鹅会出现打喷嚏和频频甩头的症状。

### 9. 甩头

发生禽流感、鹅新城疫、水禽传染性窦炎、急性禽出败、普通感冒、舟状嗜气管吸虫病（主要几种吸虫病之一）等病时，许多病鹅因上呼吸道和眶下窦发炎渗出或因虫体寄生而妨碍呼吸，为试图排出上呼吸道中的阻塞物以解除因呼吸障碍带来的痛苦感,病鹅常出现频频甩头的症状。这种症状与"摇头"很相似,较难鉴别。

### 10. 摇头

发生禽流感、禽曲霉菌病、脑炎型大肠杆菌病或鹅的鸭疫里氏杆菌感染时,因神经功能障碍而出现此症状;患有嗜眼吸虫病或小鹅瘟时,因不适也出现摇头;由禽呼肠孤病毒感染引起雏鹅脾坏死症的病鹅亦会有摇头现象。这种症状与"甩头"很相似,较难鉴别。

### 11. "勾头"

发生禽流感时,一些病鹅因神经障碍而出现一种特殊的、很典型的临床症状,即鹅头会向下向体侧一方弯曲,头与颈形成钩子状,俗称"勾头"。

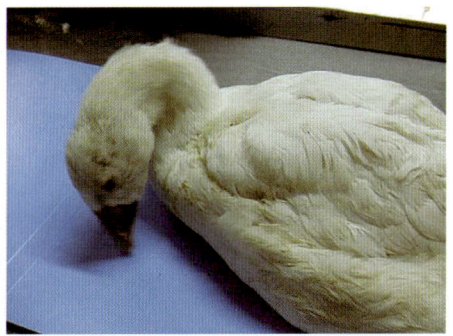

### 12. 头颈呈不同姿势扭转

这是一种典型的神经症状,常由脑神经障碍引起。病鹅的头颈时不时地往背后或侧后扭转,扭转的姿势多种多样、各有不同,有的往左、有的往右、有的向上、有的向下,有的扭转成"S"状,有的因过度扭转导致整个身子侧

[选自陈国宏、王永坤主编的《科学养鹅与疾病防治》(第二版),中国农业出版社,2011年]

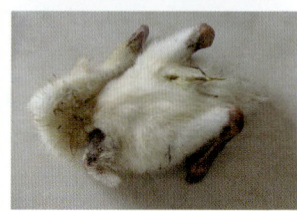

翻。这种症状主要见于禽流感、鹅新城疫、慢性型鹅的鸭疫里氏杆菌感染、禽曲霉菌病、脑炎型大肠杆菌病、食盐中毒和维生素 $B_1$ 缺乏症等。

### 13. 头颈扭转,并出现转圈或倒退运动

发生禽流感、鹅新城疫、慢性型鹅的鸭疫里氏杆菌感染、维生素 $B_1$ 缺乏症等疾病时,发病鹅群中有的病例不仅出现头颈歪斜,而且做转圈或倒退运动。

### 14. 啄癖(啄羽、啄肛)

在群体性饲养下,易发生啄癖现象,往往先是个别鹅发生,接着其他鹅模仿之,然后是大量鹅互相叮啄。啄毛癖常是由饲养管理不善如拥挤、营养不全等因素引起,造成许多鹅身上一些羽毛被啄掉或断碎,并往往

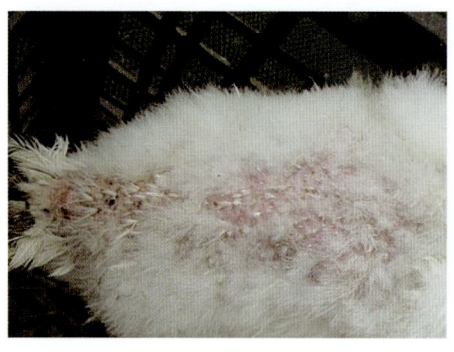

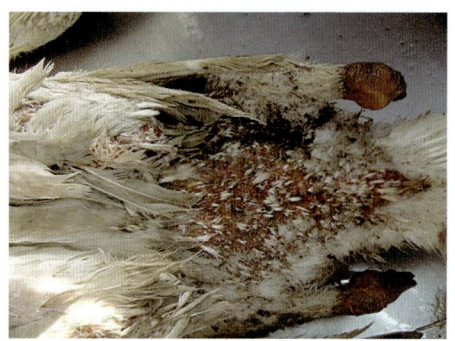

三 各种病（死）鹅异常表现及其相应的疾病

使羽毛稀疏和引起皮肤发炎，表现红肿、出血、增厚等炎症变化。啄肛癖主要发生于产蛋鹅，因其产蛋后肛门不能及时收回，引起同伴鹅好奇而啄之；也见于大肠杆菌病或感染鸭瘟病毒引起肛门（泄殖腔）脱出的病例以及拉稀、交配后的鹅，以同样原因引起其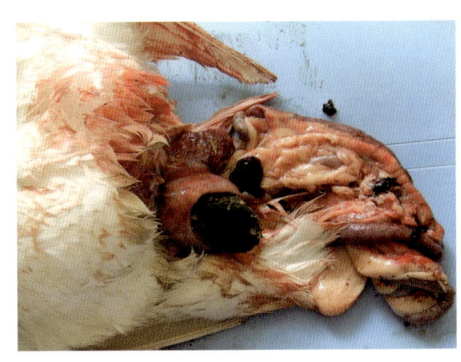他鹅啄之；群起啄之时，被啄的鹅往往肛门被啄烂，严重的连内脏被啄拉出来而致死亡。

### 15. 啄自身皮毛

这是一种特征性的异常行为。当鹅的身体上有螨虫或虱子寄生时，为消除因寄生虫刺激而产生的不适感，病鹅常常自啄有虫体寄生部位的皮肤或羽毛。须注意，这种现象与属于生理性正常的梳理羽毛动作相区别。

### 16. 站立不稳、走路摇摆（似"醉汉"）（共济失调）

许多疾病发生时，病鹅常因神经障碍导致肌肉运动不协调或者机体衰弱，表现为不爱活动，站立时左歪右斜、前倾后仰，走路时摇晃不定、步态蹒跚，或者机体失去平衡而突然倒地。这种共济失调的神经症状可见于禽流感、小鹅瘟、一些鹅出血性肾炎肠炎、鹅的鸭疫里氏杆菌感染、衣原体病、禽曲霉菌病、绦虫病出现中毒时、维生素 A 缺乏症、维生素 $B_1$ 缺乏症、佝偻病、中暑、一氧化碳中毒、磺胺类药物中毒、有机磷中毒、黄曲

 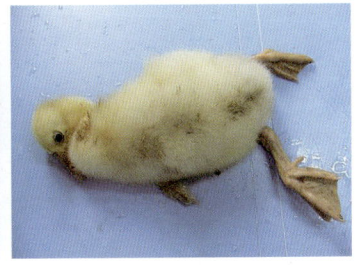

霉毒素中毒等许多病例中。因此,在诊断疾病时应细致检查其他异常表现。

## 17. 两腿叉开站立或呈企鹅状行走

发生小鹅瘟、大肠杆菌病、鹅的鸭疫里氏杆菌感染、黄曲霉毒素慢性中毒、呋喃类药物中毒或食盐中毒等病时,腹腔中出现多量或大量液体积聚。这种变化常是腹膜或肝脏等器官发生炎症或血液循环障碍的结果。腹腔积液严重时,外观腹部显著膨大,此时病鹅两腿叉开站立或呈企鹅状行走。

## 18. 跛行

出现这种症状,常因神经、肌肉、关节受损或是骨折和足病等原因造成。发生禽巴氏杆菌病时,一些病程稍长的病鹅关节发炎肿胀,出现跛行或完全不能行走;发生葡萄球菌病时,一些关节也发炎肿胀而跛行;发生痛风(关节型)时常因关节受损而出现跛行;黄曲霉毒素中毒的病鹅亦会出现跛行;也见于一些禽呼肠孤病毒感染、大肠杆菌病、禽沙门氏菌病引起的关节炎病例;脚掌损伤、注射不当等,亦可造成跛行。

## 19. 不能站立和行走(瘫痪)

病鹅出现瘫痪,常因神经肌肉损伤麻痹或者机体极度衰弱引起,病鹅不能行走,整个躯体扑在地上。此症状常见于急性禽巴氏杆菌病的病例、感染鸭瘟病毒的重病鹅、禽沙门氏菌病重病鹅、绦虫病、禽曲霉菌病、严重的维生素A缺乏症或维生素$B_2$缺乏症,严重的佝偻病、喹乙醇中毒后期、有机磷中毒、食盐中毒、一氧化碳中毒及禽呼肠孤病

毒引起的雏鹅脾坏死症等，小鹅瘟病鹅在死亡前也会出现两腿麻痹而瘫痪或抽搐等神经症状。由于此症状在许多疾病中均可见到，所以在诊断疾病时应注意检查其他异常表现。

### 20. 脑膜充血、出血

发生禽流感、鹅新城疫、禽呼肠孤病毒感染引起的雏鹅出血性坏死性肝炎、中暑、食盐中毒、一氧化碳中毒等病时，病鹅的脑膜往往有充血、出血的病变，表现为脑膜潮红或有红色、紫红色斑块。

### 21. 脑出血或（和）有灰白色坏死灶

一些有神经症状的禽流感患病鹅，脑部常发生出血或（和）坏死，打开脑壳后可见脑上有面积大小不一的红色出血斑或（和）灰白色坏死灶。

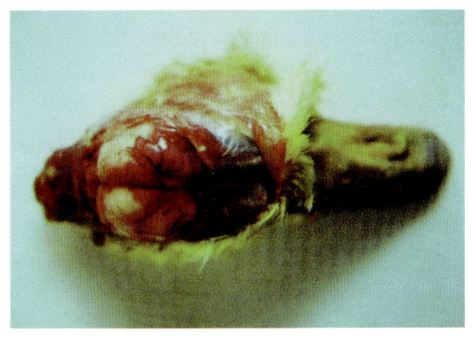

[选自陈国宏、王永坤主编的《科学养鹅与疾病防治》（第二版），中国农业出版社，2011年]

## （二）体表异常及其相应的疾病

### 1. 机体消瘦

一般情况下，鹅得了一些病程较缓慢的疾病后，在病程后期都会出现消瘦的变化。因此，此症状在疾病诊断方面意义不大，应详细检查了解其他异常变化。如果病鹅发病比较缓慢，并以机体逐渐消瘦为主要症状或同时伴有精神不振，但无其他明显病症时，可能得了一些寄生虫病或营养不良症。

## 2. 全身或局部皮下气肿

因饲养管理不当，如抓捉粗暴、饲养密度过高等，容易造成鹅的气囊破裂或胸部骨折，从而使气体溢于或串入皮下，引起皮下气肿、皮肤鼓起，触诊手感有弹性，穿刺有气体排出；发生全身皮下气肿时，整只鹅看起来呈球形。

## 3. 全身羽毛粗乱无光

羽毛粗乱是指羽毛呈现生长不均匀、不整齐、不紧密，没有光泽，松乱等现象，这是营养缺乏和体质虚弱的一种表现。多种传染病、寄生虫病均可出现这种情况；当维生素或矿物质等摄入不足或蛋白等营养物质缺乏时，也会出现这种症状，所以在疾病鉴别诊断方面没有特别的意义。

## 4. 羽毛上有虱子

发生鹅羽虱寄生时，在鹅的羽毛或皮肤上可见到数量不定的、会爬行的虱子。虱子呈淡黄色或灰褐色，大小不一，长度由不足1毫米到6毫米以上，一般为1~4毫米，分头、胸、腹三部分，无翅，

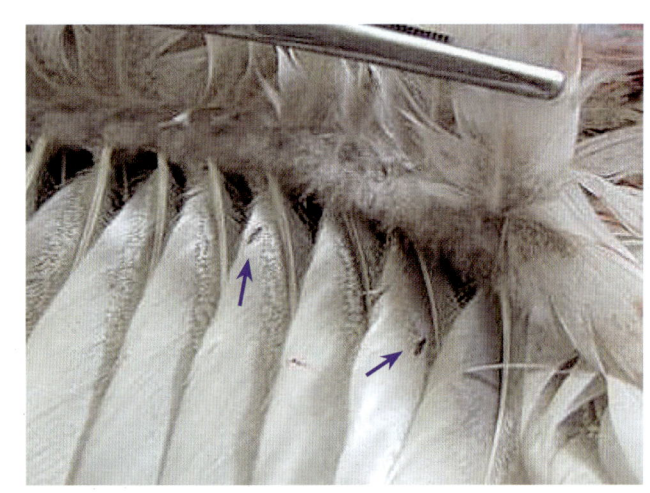

背腹扁平。虫卵则细小，需细致观察才可发现。

## 三 各种病（死）鹅异常表现及其相应的疾病

### 5. 头部尤其是颌下肿大、皮下水肿

这种症状主要见于禽流感和鸭瘟病毒感染的病例，临床诊治中也曾在有下颌水肿的病鹅身上分离到大肠杆菌。这些疾病发生时，有些病鹅头部特别是颌下出现明显肿胀的变化，整个头部变大变圆，剖开头皮可见到皮下水肿，有淡黄色、水汪汪的胶冻样浸润。

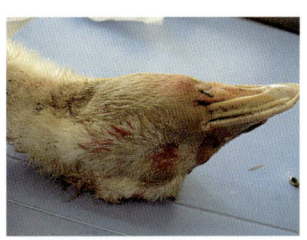
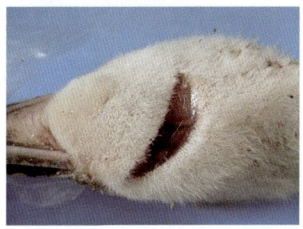

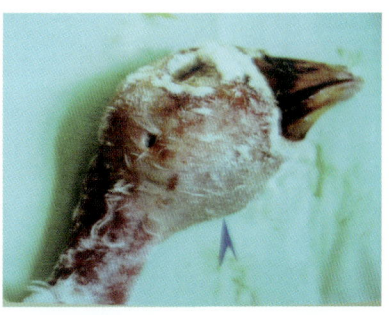

［选自陈国宏、王永坤主编的《科学养鹅与疾病防治》（第二版），中国农业出版社，2011年］

### 6. 喙发绀，呈紫红色或灰暗

喙出现这种异常颜色，常常是由呼吸严重障碍导致缺氧引起，如发生小鹅瘟、大肠杆菌病、急性禽出败、禽曲霉菌病等，一氧化碳中毒时呈粉红色；也可因皮下淤血、出血而发紫，如发生痢菌净中毒、喹乙醇中毒、黄曲霉毒素中毒等。

### 7. 喙呈苍白色

喙出现这种异常颜色，往往是营养不良的表现。当发生维生素A缺乏症和佝偻病时常见有这种表现。

### 8. 喙变软易弯曲

这是一种比较特殊的症状，一般见于佝偻病的病鹅，因钙磷代谢障碍，骨骼中钙缺少而变软，稍用力可将喙折弯。

### 9. 喙上有痘状结节（结痂）

有资料称，主要发生于鸡的禽痘（也称鸡痘），鹅也会感染发病，可在鹅的喙等头部上形成痘疹，初为细薄的灰色麸皮状覆盖物，随之迅速长出灰色后为灰黄色结节，逐渐增大如豌豆，表面凹凸不平，呈干而硬的结节；有时结节很多，互相连接融合，产生大块的厚痂。如发生此病，可采用外科方法去除痘痂，然后涂上碘甘油或紫药水，每天1～2次，连涂3～5天；如果发病量大，并经常发生流行的地方，应考虑接种鸡痘疫苗进行预防。

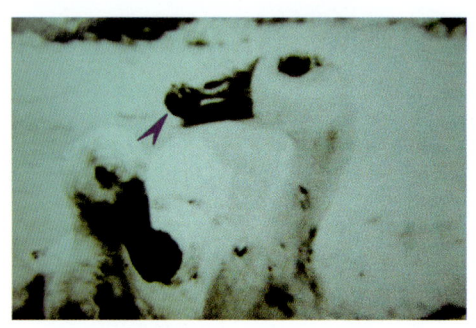

[选自陈国宏、王永坤主编的《科学养鹅与疾病防治》（第二版），中国农业出版社，2011年]

### 10. 喙部皮肤起泡、破裂、脱落、出血和结痂

这是一种过敏性皮炎。喙部皮肤似烧伤（烫伤）一般，出现皮肤起泡、破裂，严重的皮肤脱落和出血，后期发生结痂。如果出现这样的病变和

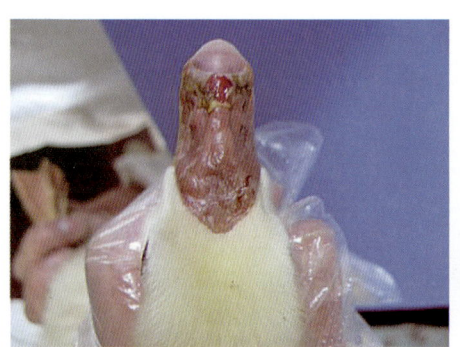

三 各种病（死）鹅异常表现及其相应的疾病

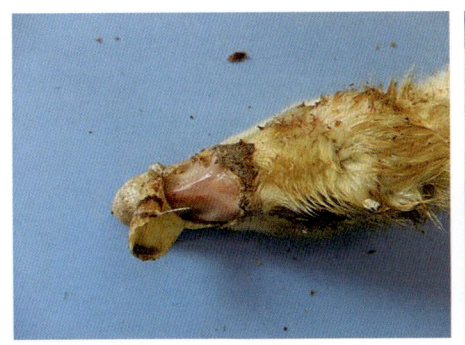
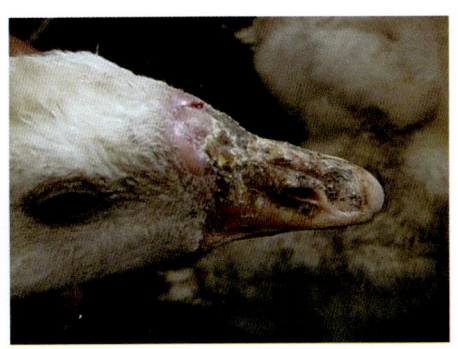

症状，表明鹅可能是发生了痢菌净中毒；也有资料称，发生慢性喹乙醇中毒时也可出现此症状。

## 11. 鼻腔流出浆液性或黏液性分泌物（流鼻涕）

有些疾病发生后，鹅出现鼻孔流出浆液性或黏液性分泌物的症状，同时，鼻腔周围往往粘有污物，这表明鹅可能得了禽出败、禽呼肠孤病毒感染引起的雏鹅脾坏死症、鹅的鸭瘟病毒感染、鹅的鸭疫里氏杆菌感染、水禽传染性窦炎、衣原体病、食盐中毒、普通感冒等疾病，发生小鹅瘟的一些病雏鹅鼻腔中流出泡沫样液体。

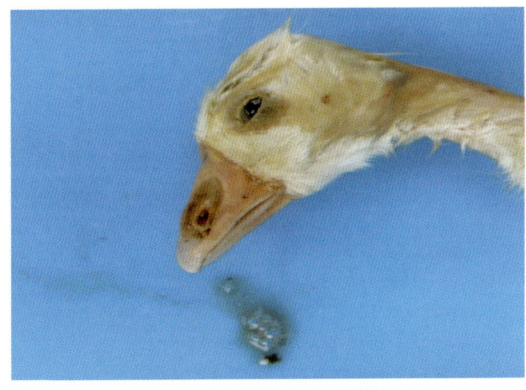

## 12. 眼睑肿胀

发生禽流感、小鹅瘟、鹅的鸭瘟病毒感染、大肠杆菌病、水禽传染性窦炎、葡萄球菌病、嗜眼吸虫病（主要几种吸虫病之一）、舍内氨气或甲醛浓度过高产生刺激等的病鹅，眼睛常出现红肿的变化，呈现眼睑发红增厚，严重时可能使眼睛变小。

## 13. 两眼流泪，并在眼周围常形成"黑眼圈"

正常鹅的眼睛润泽光亮，眼中没有明显可见的流淌液体。如果有水样液体流出，即流泪，表明鹅发生了疾病。流泪时，常常可见眼眶周围的羽毛潮湿，同时粘有污物而形成"黑眼圈"。这种症状在禽流感、小鹅瘟、鹅新城疫、鹅的鸭瘟病毒感染、雏鹅大肠杆菌病、鹦鹉热、嗜眼吸虫病（主要几种吸虫病之一）、维生素A缺乏症、有机磷中毒、舍内氨气或甲醛浓度过高产生刺激、普通感冒等病例中可见到。因此，在诊断疾病时应细致检查其他异常表现。

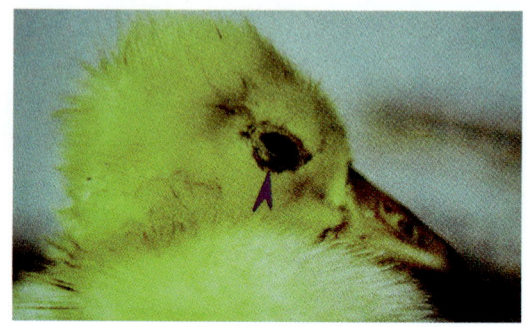

［选自陈国宏、王永坤主编的《科学养鹅与疾病防治》（第二版），中国农业出版社，2011年］

## 14. 眼中有浆液性或脓性分泌物

发生大肠杆菌病的雏鹅、葡萄球菌病、水禽传染性窦炎、鹅的鸭疫里氏杆菌感染、衣原体病、嗜眼吸虫病（主要几种吸虫病之一）或维生素A缺乏时，一些病鹅的眼睛中常有浆液性或脓性分泌物积聚，这往往是眼结膜炎的一种表现；由禽呼肠孤病毒感染引起的雏鹅脾坏死症的病鹅也有此现象。出现这种症状时，病鹅的鼻腔中也可能流出同样的分泌物。

## 15. 眼结膜炎

病鹅发生眼结膜炎时，表现流泪、眼睑肿胀甚至外翻、结膜充血，眼中可有大量分泌物，后期可造成上下眼睑粘连。发生禽流感、小鹅瘟、大肠杆菌病、鹅的鸭疫里氏杆菌感染、水禽传染性窦炎、葡萄球菌病、衣原体病、

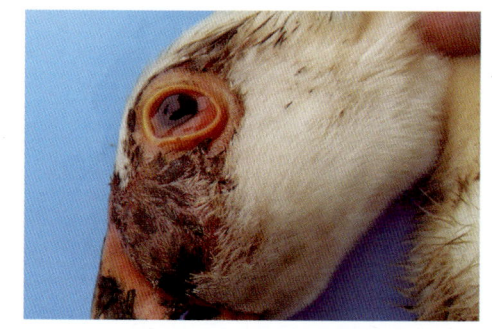

禽曲霉菌病、嗜眼吸虫病（主要几种吸虫病之一）、舍内甲醛或氨气浓度过高产生刺激的病鹅常出现眼结膜炎（前页图为水禽传染性窦炎病例，症状同时有眶下窦部位肿胀现象）。

### 16. 眼结膜发炎，并出血

患有禽流感或鹅的鸭瘟病毒感染的有些病鹅，可发生出血性眼结膜炎，不仅有流泪、眼四周形成"黑眼圈"、结膜红肿等变化，而且在红肿的结膜上有紫红色出血灶，出血严重的大片结膜呈紫红色。

[选自陈国宏、王永坤主编的《科学养鹅与疾病防治》（第二版），中国农业出版社，2011年]

### 17. 眼睛混浊，并带蓝灰色、失明

有些发病后期的禽流感病鹅，其眼睛出现比较特殊的变化，表现为结膜、角膜混浊，并看似带蓝灰色，最后失明。嗜眼吸虫病（主要几种吸虫病之一）后期也会出现眼睛混浊的变化。此病变与有些维生素 A 缺乏引起的眼睛病变相类似，应注意鉴别。

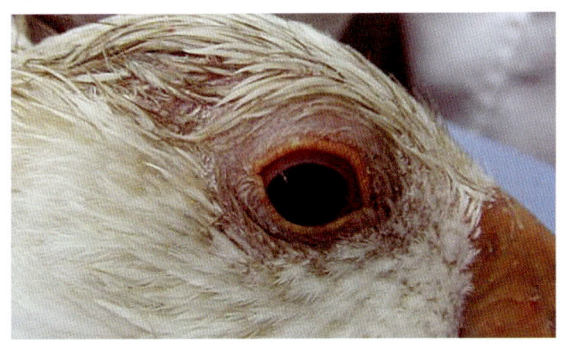

### 18. 角膜混浊或溃疡，并且眼内有虫体

这是一种特殊的病变。当嗜眼吸虫（主要几种吸虫病病原之一）感染寄生后，会引起鹅患结膜炎和眼睑水肿，出现流泪、结膜充血潮红，后期眼紧闭，眼内充满脓性分泌物，有的角膜混浊或溃疡、失明等。可发现病鹅眼内有长为数毫米不等、宽为不足 1 毫米至 2 毫米以上呈叶片状的虫体。

### 19. 角膜混浊发白甚至呈白色干酪样，严重的眼球干瘪下陷

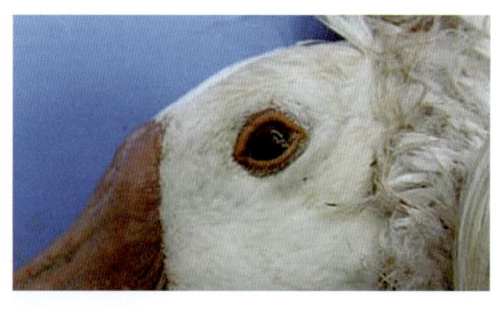

发生维生素A缺乏时，引起鹅角膜发炎、变性，出现混浊发白甚至变成白色干酪样物，严重的眼球干瘪下陷（全眼球炎），眼睛完全失明。发生嗜眼吸虫病（主要几种吸虫病之一）时，也可引起角膜混浊或溃疡。全眼球炎也偶见于衣原体病。病情较轻时，病变类似于禽流感病鹅，应注意鉴别。

### 20. 眼睛肿胀凸出、出血，眼眶前下方（眶下窦）部位肿胀

临床上曾发现有这种症状，这是一种比较少见的临床现象。表现为病鹅一侧或两侧眼睛肿胀凸出，发生出血；同时，眼眶前下方（眶下窦）部位也肿胀凸起，而且头顶部也肿起，剖开肿胀部位可见有渗出液流出（见右下图）；并从肿胀部位病料中检测分离到大量大肠杆菌，所以认为这是鹅发生了水禽传染性鼻窦炎继（并）发大肠杆菌病。

 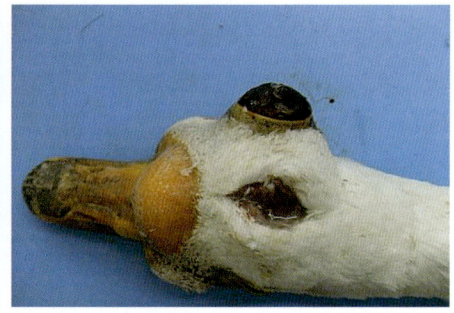

### 21. 单侧或两侧眼眶前下方（眶下窦）部位肿胀或呈球状凸起

发生水禽传染性窦炎的病鹅，眼睛不仅发炎，而且一个特征性的病症是在病鹅的单侧或两侧眼眶前下方（眶下窦）部位出现明显的肿胀，严重的呈球状或卵圆形凸起。这是因为眶下窦发生炎症渗出，导致大量渗

出物积聚所致。剖检肿胀处可见眶下窦有浆液、黏液性分泌物或干酪样物。临床诊治中，曾在有眶下窦部位肿胀表现的病例上检测到大肠杆菌。

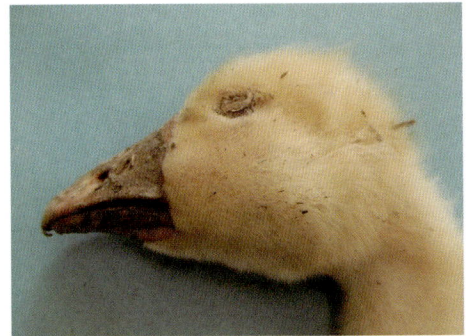
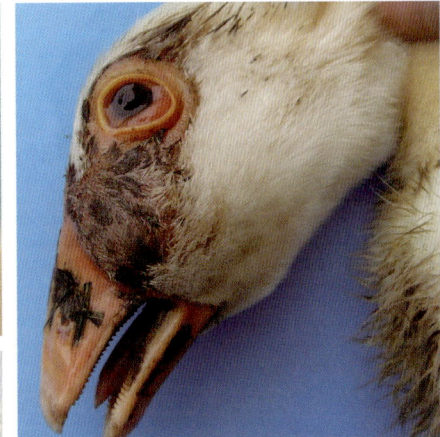

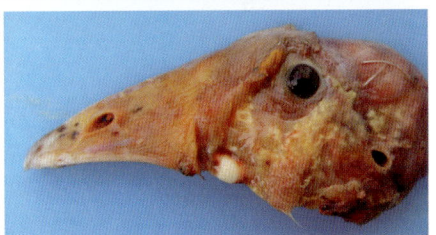

## 22. 耳部羽毛湿润粘有污物、血染或同时发炎肿起

临床诊治中曾发现这种少见的特征性症状，此症状有一个变化过程，

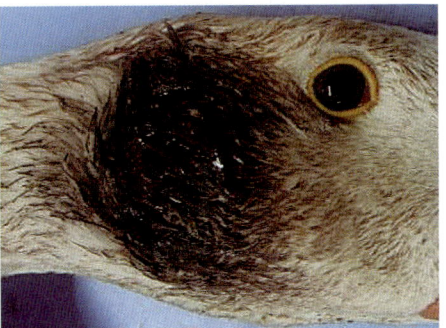

发病初期炎症渗出液从病鹅耳内流出，导致耳朵周围羽毛湿润，在耳部形成局灶性的污秽面；病重的从耳朵内流出血液，使周围羽毛血染成红色；更严重的是发炎肿胀，并随着血液凝固结痂，在耳部形成凸起的结痂物；有的病鹅因耳朵不适，不断在背部擦拭，将流出的血液黏附在背和头部的羽毛上而使羽毛成红褐色。经检查，这是因耳内有虱子寄生，并继发感染引起炎症的结果。

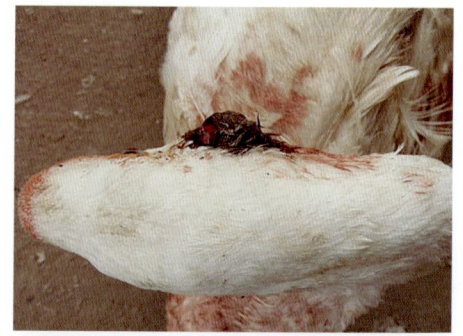

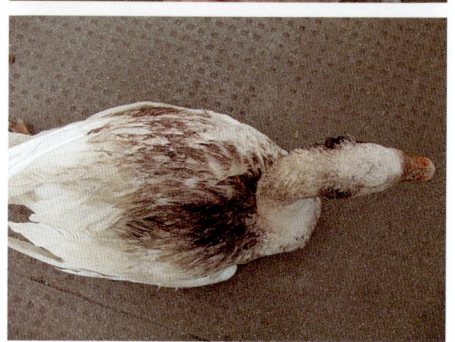

## 23. 背部等羽毛减少、皮肤发炎

因饲养管理不当，如拥挤、营养不全等因素，鹅群中有些鹅会产生啄毛的恶癖（啄癖），并可使其他鹅也模仿之，导致鹅互相叮啄，身上一些羽毛被啄掉或断碎，使羽毛稀疏，并可引起皮肤发炎，表现红肿、出血、渗出、结痂、增厚等变化。

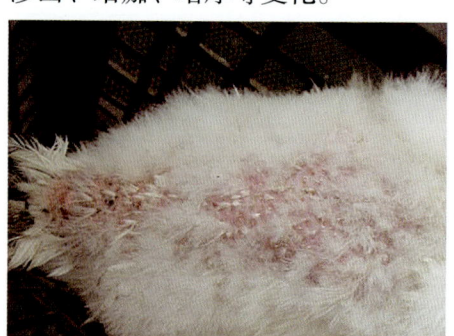
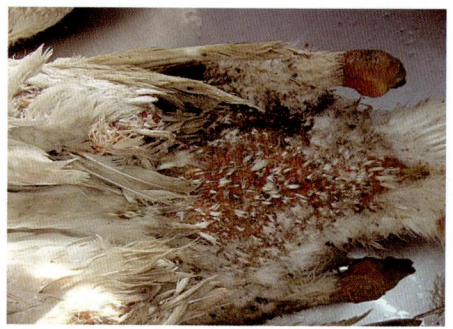

## 24. 羽毛断裂或脱落

这种现象在有些疾病中常常出现。当鹅身体上有螨虫或虱子寄生时，可造成鹅的羽毛中间断裂或脱落，同时可刺激皮肤发痒导致鹅自啄羽毛；也因鹅群中有啄毛癖鹅存在，鹅互相叮啄，使羽毛脱落或断碎。同时，往往导致皮肤产生炎症，出现皮肤发红、肿胀、渗出、出血、结痂、增厚等变化。

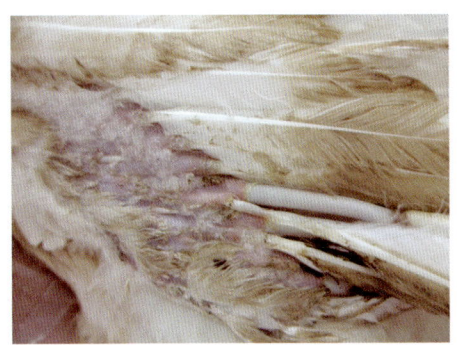
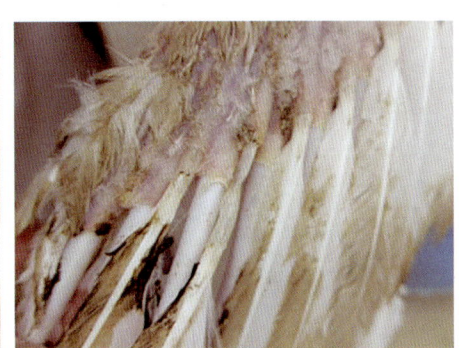

## 25. 腹部膨大（腹水）、下垂

有些疾病可出现腹水症，引起腹部膨大、下垂。有资料称幼鹅发生小鹅瘟时，一些病程较长的病鹅其腹腔可出现腹水病变，导致小鹅站立和走路呈企鹅样的姿势；剖开腹腔可见到大量比较清朗或混浊的棕色或黄色液体。发生大肠杆菌病性腹膜炎、鹅的鸭疫里氏杆菌感染、一些禽曲霉菌病、黄曲霉毒素中毒、食盐中毒或呋喃类药物（痢特灵）中毒时，也可出现腹水。

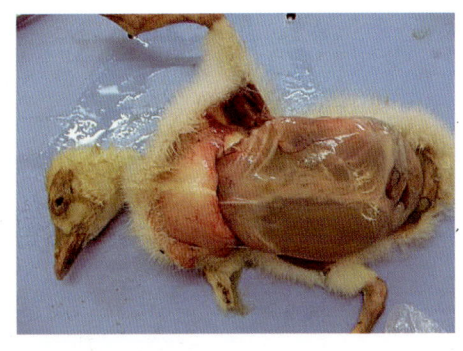

## 26. 雏鹅脐部发炎肿胀或同时卵黄吸收不全

当雏鹅发生脐部感染发炎时，脐部表现肿胀、皮下充血、出血，有

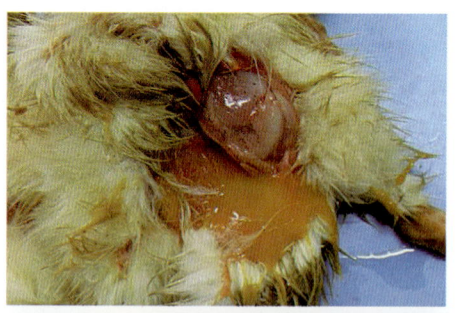

胶冻样渗出物,有的脐孔闭锁不全等病变,这常常是雏鹅得了大肠杆菌病、葡萄球菌病或禽沙门氏菌病的结果,这种病例往往同时出现卵黄吸收不全或者卵黄破裂等变化,继而引起腹部膨大的表现。

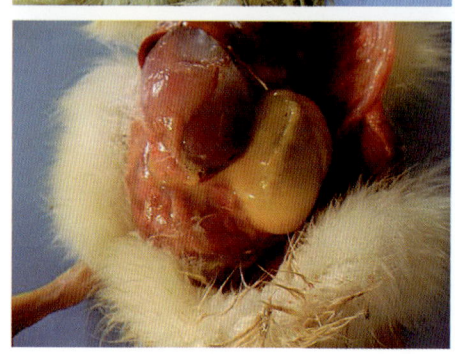
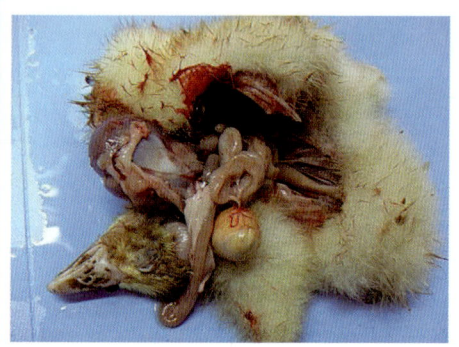

### 27. 肛门周围常有泻粪沾污

得了小鹅瘟、鸭瘟、绦虫病等许多能引起腹泻症状的疾病,病鹅由于反复发生腹泻,从而使泻便在肛门周围及羽毛上不断黏聚、沾污,最后形成粘挂粪便的肛门。因此,诊断疾病时应注意检查其他异常表现。

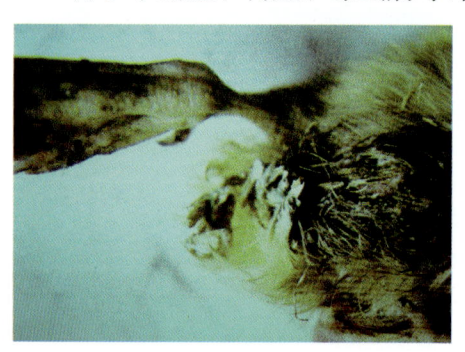

[选自陈国宏、王永坤主编的《科学养鹅与疾病防治》(第二版),中国农业出版社,2011年]

### 28. 肛门水肿凸出外翻

感染鸭瘟病毒的一些病鹅,可出现肛门水肿的病理变化,外观检查可见到肿胀、凸出、色泽变淡的肛门，切开水肿的肛门可有水样液体流出或呈胶冻状组织。

## 29. 泄殖腔等内脏外翻甚至脱出

有些疾病可出现这种特征性的病变。大肠杆菌感染可引起产蛋鹅输卵管（子宫）、泄殖腔严重发炎，并下垂脱出到体外，有的连肠道也一起脱出，可见到脱出外翻的泄殖腔等黏膜充血、出血、水肿、有渗出物；有的黏膜外翻呈菜花状、发紫、粘有污物或结痂。泄殖腔黏膜外翻的症状也可见于感染鸭瘟病毒的病鹅。开产鹅和高产蛋鹅因产蛋疲劳也会出现这种症状。有的病例因其他鹅啄咬其脱出的泄殖腔或其他原因，导致腹壁破裂，致使肠道也流出到体外。

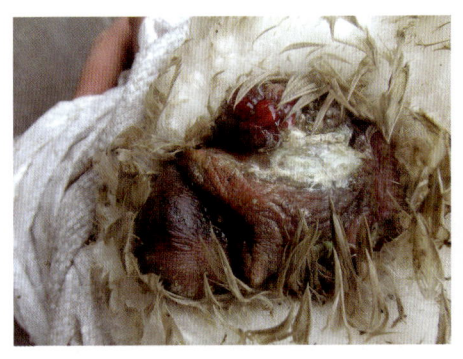

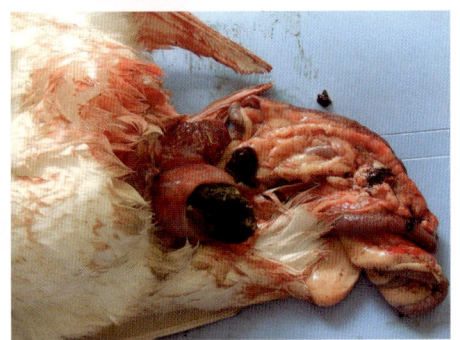

## 30. 腿部关节肿大

关节肿大因感染发炎引起。如一些病程稍长的禽霍乱病鹅，局部关节发炎肿胀，引起跛行或不能行走；因蹼或趾被划破而感

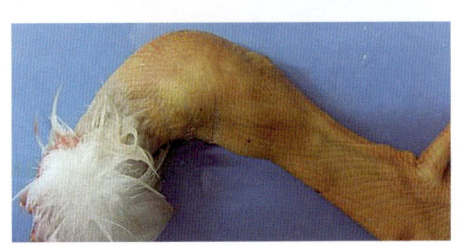

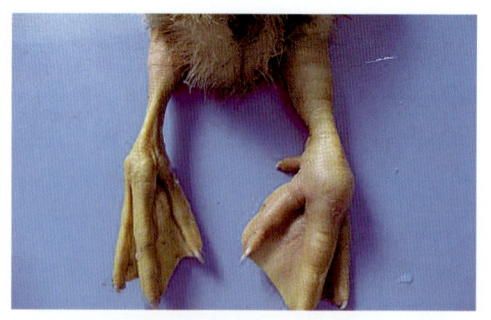

染葡萄球菌后，可导致跗、胫和趾关节发炎肿胀；可引起关节炎的还有大肠杆菌病、禽沙门氏菌病、禽呼肠孤病毒感染等。剪开关节，关节内有性状不一的渗出物或增生组织。但发生佝偻病时跗关节也肿大。

### 31. 脚部等关节肿大、内积有石灰样物质（尿酸盐）

发生痛风的病鹅中，有的属关节型或混合型痛风，这种病鹅的关节往往肿胀，剖开关节可见到数量不定、呈石灰样的尿酸盐沉积物。引起痛风的原因有多种，如维生素A严重缺乏、

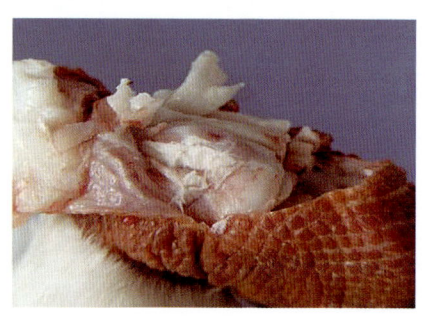

鹅出血性肾炎肠炎、过多饲喂含蛋白质的饲料或高钙饲料、不合理使用磺胺类药物和氨基糖甙类抗生素等。

### 32. 脚上有被毒蛇咬伤并带有流血的创口

偶尔被毒蛇咬死或咬伤的鹅，身体尤其是脚上一定可发现被咬伤的创口。咬伤部位流血、红肿，流出的血液凝固不良，在肿胀的中心部位可找到蛇咬的牙痕，伤口周围也肿胀，皮肤发紫发黑，皮下浆液性水肿。

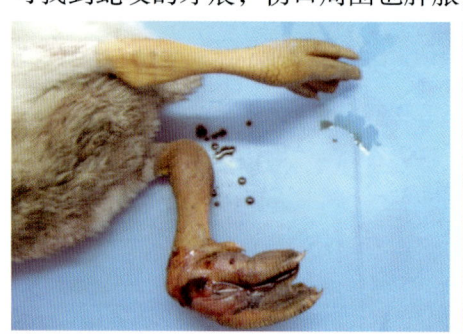
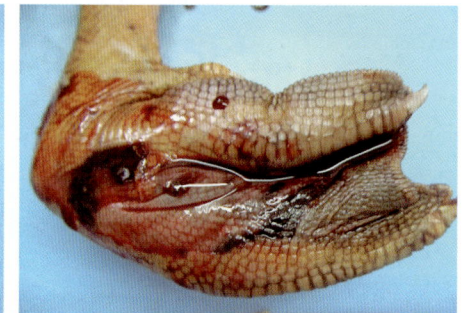

## 33. 脚趾或（和）蹼呈紫红色

这种表现常因皮肤或皮下出血引起，如发生禽流感、喹乙醇中毒、痢菌净中毒或黄曲霉毒素中毒时，病鹅的脚趾或（和）蹼常常发生出血现象，呈红色或紫红色。也可由呼吸严重障碍导致缺氧或淤血（发紫肿胀）而引起，如禽巴氏杆菌病、禽曲霉菌病、禽呼肠孤病毒感染引起的雏鹅脾坏死症等。

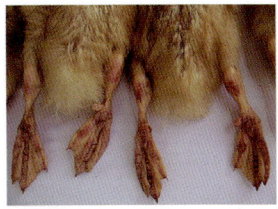

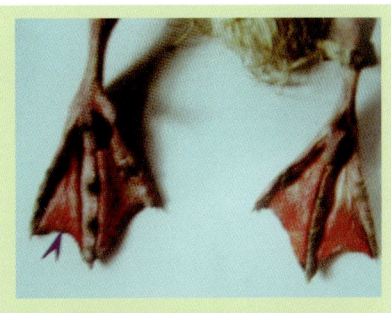

［选自陈国宏、王永坤主编的《科学养鹅与疾病防治》（第二版），中国农业出版社，2011年］

## 34. 脚掌底出血发紫、化脓溃疡或结痂

因摩擦等引起脚掌底损伤而感染发生葡萄球菌病的病鹅，常常是脚掌底出现明显的病变，初期可见到紫红色的出血灶，病程稍长后会发生化脓溃疡，然后可结痂，严重的会引起全身性败血症而死亡。

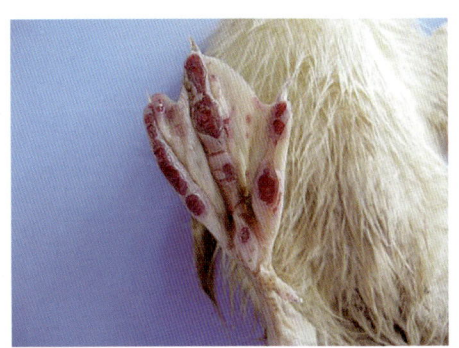
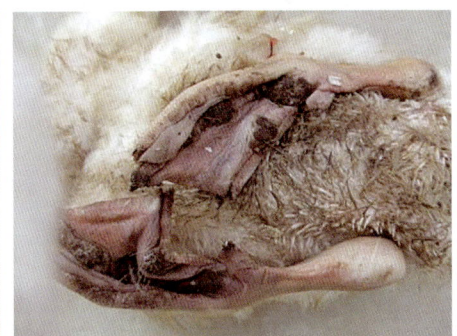

## 35. 脚蹼上有成堆的红褐色并会活动的小圆点（螨虫）或皮肤呈鳞皮状

可在鹅体表寄生的螨虫有数种，形态基本相似但有差异，圆形或椭圆形，背腹较扁平，有头、躯体和足，形体细小（多为不足1毫米），需要放大镜才能看清虫体的结构；虫体颜色视吸血量而定，从红色到黑色不等；体表见到的虫体会移动。要辨别何种螨虫时，必须在放大镜或显微镜下进行形态结构鉴定。寄生的螨虫较多时，因大量吸血和影响鹅休息或自啄皮毛而引起营养不良等，致使鹅贫血，脚等处的皮肤往往呈苍白色。寄生在腿脚的突变膝螨可引起皮肤发炎、结痂，呈鳞皮状。

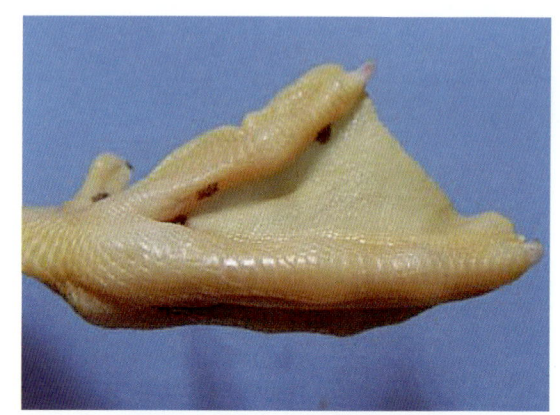

（图为放大数十倍的螨虫）

## 36. 脚趾向内卷曲，严重的如握拳状

这是在生长发育过程中缺乏维生素 $B_2$（核黄素）所表现出来的一个典型病症，病鹅的脚趾连同蹼向内卷曲，严重的似握拳状，导致行走困难、走路姿势异常，有的以跗关节着地行走。

## （三）皮肤（皮下）、肌肉、脂肪、骨骼异常及其相应的疾病

### 1. 全身皮肤出血，呈红色或紫红色

发生禽流感时，发病鹅往往出现全身皮肤出血的症状，整个皮肤呈红色或紫红色。磺胺类药物中毒时，皮肤可能有出血斑点。

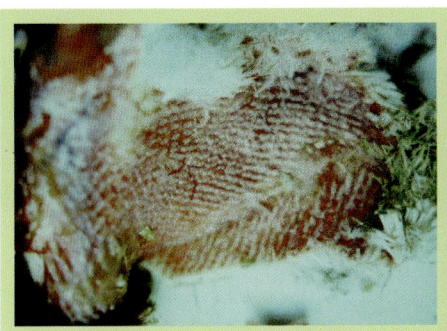

[选自陈国宏、王永坤主编的《科学养鹅与疾病防治》（第二版），中国农业出版社，2011年]

### 2. 死亡鹅全身皮肤发紫或灰暗

非放血死亡鹅，不论何种原因引起，大多数情况下其皮肤会变成紫色或暗灰色。这是因为死亡鹅呼吸停止，血液中缺氧，红细胞含氧血红蛋白减少，导致皮肤包括内脏中所有血管内血液变成深暗色的结果。

### 3. 皮肤上有大量的血囊（血管瘤）

这是一种肿瘤性疾病。皮肤发生血管瘤时，可在皮肤上见到大小不一、数量不定的紫红色或紫色的血囊，这种血囊也可出现在其他组

织器官上。引起这种皮肤病变的原因可能比较复杂，有的认为是鹅得了禽白血病（一种病毒性肿瘤病，自然感染主要发生于鸡）的结果。

### 4．皮肤粗糙、增厚，并有黄白色小结节

感染发生了螨虫病后，病鹅的皮肤会出现明显的病变，表现皮肤变粗、增厚，有黄白色小结节，这是寄生于皮肤上的螨虫刺激、损伤皮肤引起炎症的结果，此处皮肤的羽毛也易发生断落。

### 5．皮下充血、出血

剖开掀起皮肤，出现弥漫性或斑点状出血，甚至全身皮下呈红色或紫红色的变化，有的还有渗出血液或胶冻样浸润时，表明鹅可能发生了禽流感、禽出败、鹅出血性肾炎肠炎、鹅的鸭疫里氏杆菌感染或黄曲霉毒素中毒等。

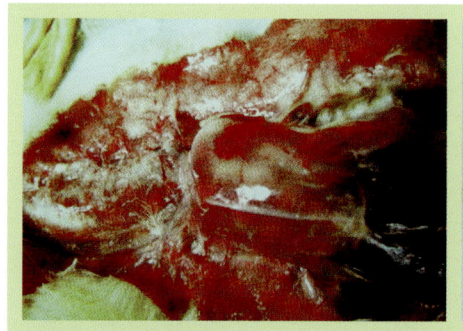 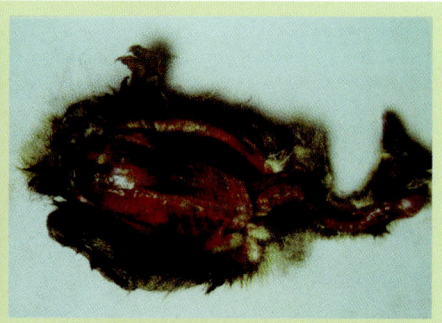

［选自陈国宏、王永坤主编的《科学养鹅与疾病防治》（第二版），中国农业出版社，2011年］

### 6. 头颈部皮下有大量的凝血块

这是体内大出血的表现。常见原因是饲养密度过高、受冷、突然停电、外来动物（如狗、猫等）突然闯入产生惊吓等导致鹅群扎堆，从而使下部鹅受到挤压受伤而引起，或者是受到重物撞击、粗暴抓鹅等物理性致伤的结果。

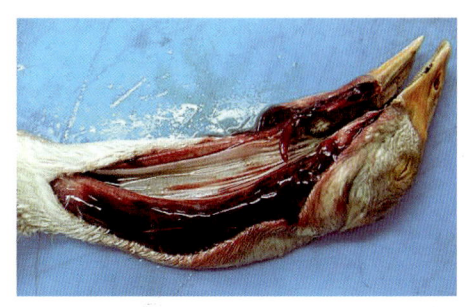

### 7. 胸腹部等皮肤局部或广泛坏死变色，皮下炎性渗出、胶样浸润

发生皮炎型葡萄球菌病时，病鹅胸腹部或大腿内侧等处的皮肤发生坏死性炎症，严重的呈糜烂状，皮肤变为紫红色、蓝紫色等不同颜色，有的皮肤化脓。患部皮下组织也发生炎症、肿胀，常有棕黄色或棕褐色的出血性胶冻样的渗出物浸润，甚至坏死。皮下胶样浸润也见于维生素$B_1$缺乏症。

### 8. 胸骨部皮下炎性肿胀（龙骨浆液性滑膜炎）

发生葡萄球菌病或大肠杆菌病时，有的病例可出现龙骨浆液性滑膜炎，在胸骨部皮下出现肿胀，剖开此处皮肤可见皮下充血、红肿，有浆液渗出，呈胶冻样浸润。此病变也可因与地面经常摩擦产生炎症或感染引起。

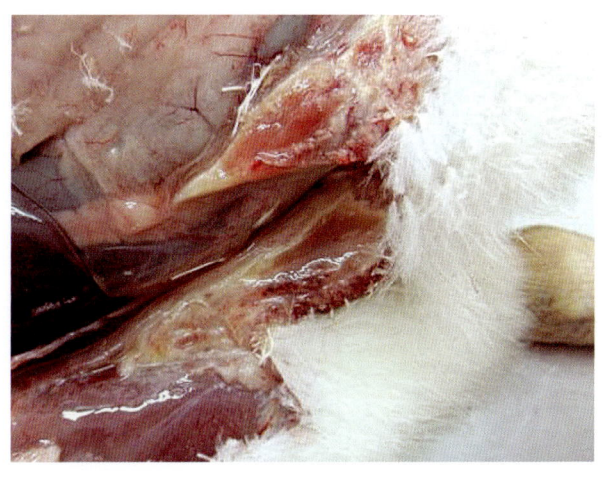

### 9. 肌肉苍白，并有出血斑点或囊点

患有住白细胞原虫病的病鹅，不仅因贫血造成肌肉等组织器官褪色变得苍白，而且有数量不定、大小不等、斑点状或囊状的紫红色出血病变。

［选自陈国宏、王永坤主编的《科学养鹅与疾病防治》(第二版)，中国农业出版社，2011年］

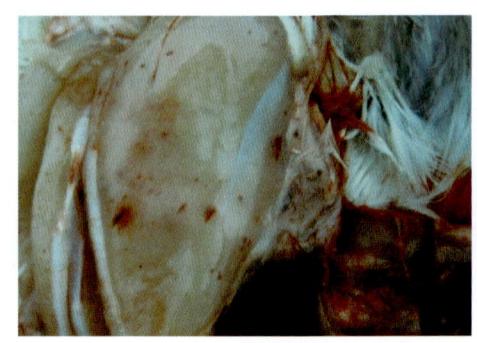

### 10. 肌肉上有不规则的出血灶

发生禽流感、磺胺类药物中毒或喹乙醇中毒的病鹅，往往在肌肉等多种组织器官上引起出血的变化，出血灶数量不定、大小不等，呈块状、条状或弥漫性等不规则的红色或紫红色。

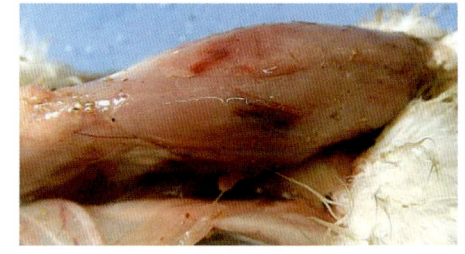

### 11. 肌肉上有大小不一的血囊（血管瘤）

这是一种肿瘤性疾病。肌肉发生血管瘤时，可在肌肉上见到大小不一、数量不定的紫红色或紫色的血囊，这种血囊也可出现在其他组织器官上。引起这种肌肉病变的原因还不清楚，有的认为是鹅得了禽白血病（一种病毒性肿瘤病，自然感染

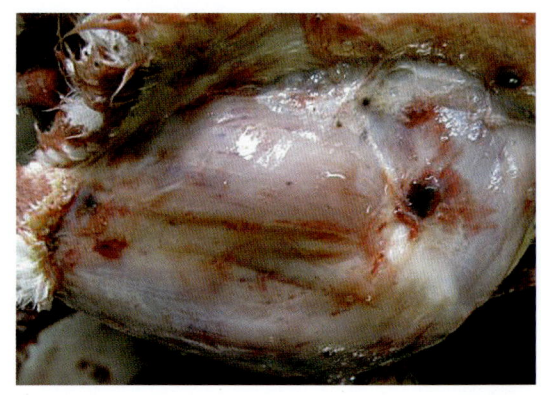

主要发生于鸡)的结果。

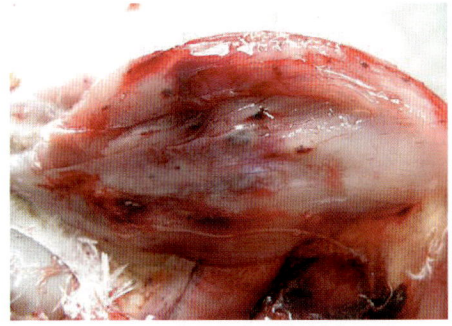
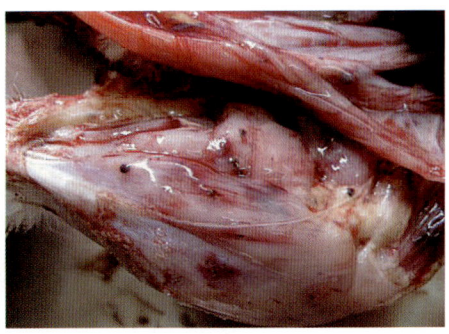

## 12. 肌肉表面有白色的石灰样沉积物(尿酸盐)

这是痛风的一个病理表现。有些发生严重痛风的病鹅,在肌肉等一些组织器官表面可见到白色的尿酸盐沉积,像石灰不均匀地撒在上面一般。引起痛风的原因有多种,如维生素A严重缺乏、鹅出血性肾炎肠炎、过多饲喂高蛋白质的饲料或高钙饲料、不合理使用磺胺类药物和氨基糖苷类抗生素等。

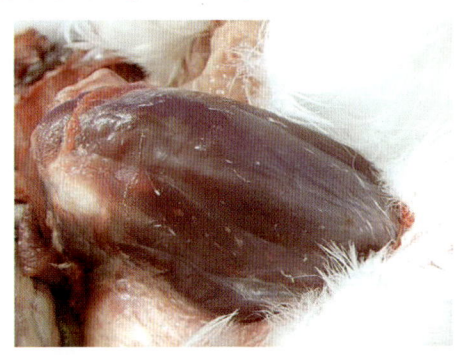

## 13. 内脏等部位的脂肪上有出血斑点

得了禽流感或禽出败的病鹅,往往会发生败血症,在全身多个组织

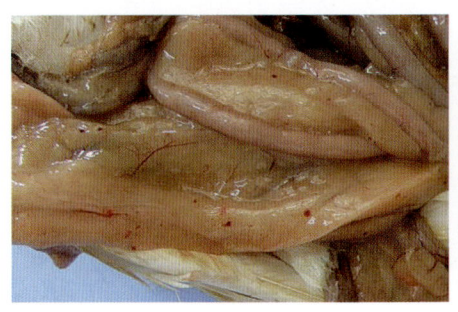
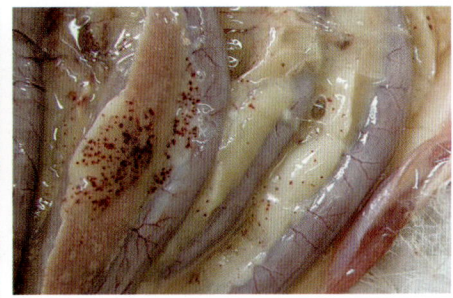

器官均可呈现出血变化，脂肪组织上也有大小不等、数量不定的紫红色出血斑点。上页右图中胰腺也出血，并有坏死点。

## 14. 脑壳表面有少量的石灰样沉积物（尿酸盐）

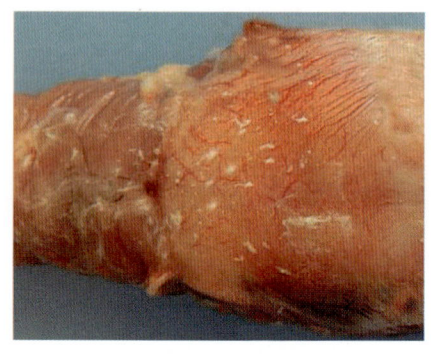

这是痛风的一个病理表现。有些发生严重痛风的病鹅，在脑壳等一些组织器官表面可见到白色的尿酸盐沉积，像石灰不均匀地撒在上面一般。引起痛风的原因有多种，如维生素A严重缺乏、鹅出血性肾炎肠炎、过多饲喂高蛋白质的饲料或高钙饲料、不合理使用磺胺类药物和氨基糖苷类抗生素等。

## 15. 脑壳变软

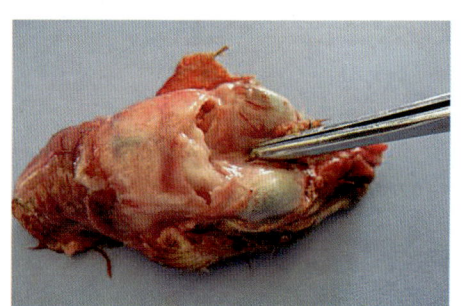

发生维生素D缺乏、钙磷缺乏或比例不当时，由于钙磷代谢失调，导致钙在骨骼中沉积不足，致使鹅脑壳变软，按压时感觉脑壳没有硬度甚至下陷，这是佝偻病的一个病变。

## 16. 脑壳充血

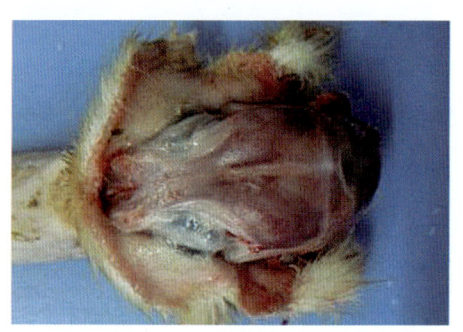

发生鹅的鸭疫里氏杆菌感染等病时，脑壳往往有充血的病理变化，剖开掀起有些病鹅的头皮，可见脑壳呈红色或紫红色，严重的整个脑壳都会发生充血病变。

### 17. 肋骨变软、变形、弯曲

发生维生素D缺乏、钙磷缺乏或比例不当时，由于钙磷代谢失调，导致钙在骨骼中沉积不足，一些病鹅的肋骨和肋软骨出现变形，呈结节状肿大、畸状弯曲等变化，严重的外观整个胸廓呈塌陷状态，即为佝偻病。

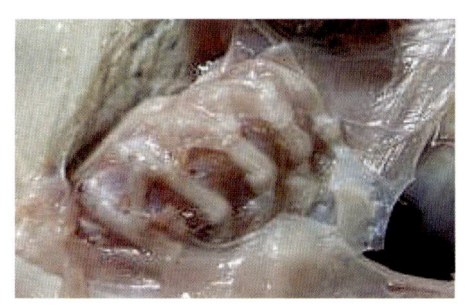

## （四）消化系统异常及其相应的疾病

### 1. 口流黏液（流涎）

出现口腔流涎时，口腔周围黏附着大量黏液或有污秽物，或者黏稠黏液呈线状垂挂下来。这种症状主要见于有机磷、食盐、喹乙醇等引起的中毒性疾病和急性禽巴氏杆菌病。

### 2. 腹泻

所谓腹泻，是指排便次数显著增加、粪便性状发生改变。此现象是多种疾病共有的症状，但不同的疾病，腹泻程度和粪便性状不一样。泻绿色粪便的常见于鹅的鸭疫里氏杆菌感染、鹅新城疫、衣原体病、绦虫

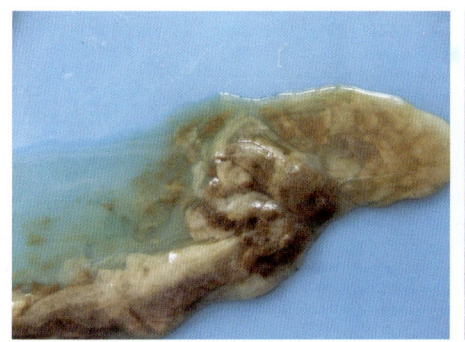
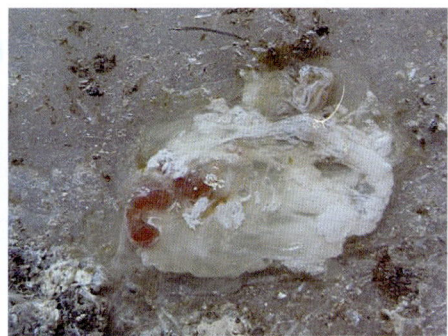

病的病鹅。小鹅瘟或感染鸭瘟病毒的病鹅排灰白色或淡黄绿色稀粪，并混有气泡。患禽出败的鹅泻便呈白色或绿色。患痛风的鹅拉白色石灰样粪便。患坏死性肠炎的鹅常排红褐色或黑褐色焦油样粪便。发生禽流感、禽呼肠孤病毒感染、大肠杆菌病、禽沙门氏菌病、葡萄球菌病、禽曲霉菌病、一些寄生虫病和中毒病时，病鹅也腹泻。由于腹泻表现形式复杂，仅依据泻便性状来诊断这些疾病，往往是困难的。

### 3. 便血

粪便中含有血液，表明消化道出血。发生球虫病时，病鹅常常出现出血性下痢，血便呈咖啡色、褐红色及红色不等；发生鹅新城疫或禽出败的有些病例，泻便中也带血。

### 4. 口腔内或（和）食道内有大量血液（血块）

这是体内大出血的表现。常见原因是饲养密度过高、受冷、突然停电、外来动物（如狗、猫等）突然闯入产生惊吓等导致鹅群扎

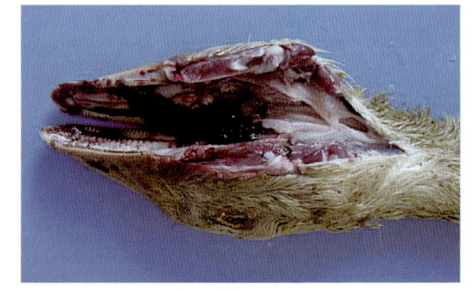

堆，从而使下部鹅受到挤压受伤而引起，或者是受到重物撞击、粗暴抓鹅等物理性致伤的结果。

### 5. 口腔、食道黏膜出血、坏死或（和）附有黄色糠麸样假膜

感染了鸭瘟病毒后，患病鹅的口腔、食道黏膜发生出血、坏死的变化，可见到黏膜上有数量不定、大小不等的红色或紫红色出血斑点，或（并）见有由黏膜坏死组织和炎性渗出物混合形成的黄白色糠麸样假膜覆盖，整片黏膜变得粗糙，假膜易剥离，剥离后食道黏膜上留有溃疡斑痕（图片所示主要为出血变化）。

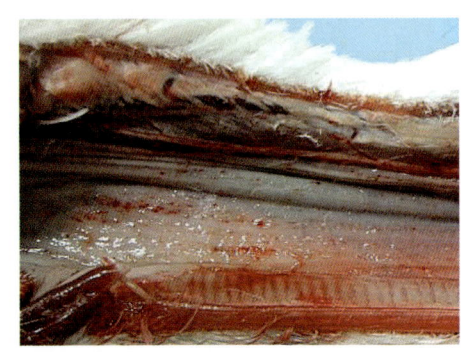

### 6. 口腔和舌表面有一层黄白色的纤维素伪膜覆盖

日龄较大的幼鹅发生小鹅瘟时，急性发病初期，在出现其他症状的同时如检查病鹅口腔，常可见到口腔黏膜和舌头表面有一层灰白色或灰黄色的纤维素假膜。

### 7. 口腔、食道黏膜上附有白色或灰黄色隆起的坏死小结节或假膜

发生家禽念珠菌病（鹅口疮）的病鹅，口腔黏膜上开始为白色或黄色斑点，后来融合成灰白色或灰黄色的干酪样物质，呈点状、结节状隆起或形成连片伪膜，如干酪样的典型"鹅口疮"，剥离后可见红色的溃疡出血面。此病变类似于一些感染鸭瘟病毒的病鹅表现，小结节为白色时则类似于维生素A缺乏的病变，应注意鉴别。

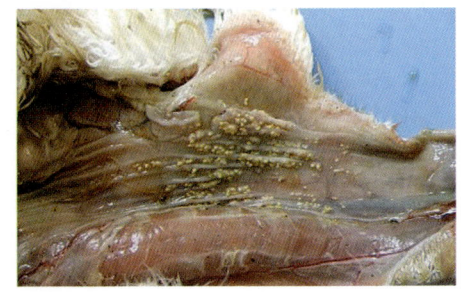

### 8. 食道上有散在的白色或带黄色的坏死灶

发生鹅新城疫的病鹅，通常其食道上有数量不定、大小不等、呈散在的白色或带黄色的坏死灶。此病变类似于一些家禽念珠菌病和鸭瘟病毒感染的病变，应注意鉴别。

### 9. 食道黏膜上有斑块状或一层连片的灰黄色糠麸样假膜

感染了鸭瘟病毒的病鹅，其食道黏膜发生炎症，有散在的斑点状出血和坏死灶，黏膜上面由黏膜坏死组织和炎性渗出物等形成的斑块状或连片的一层灰黄色糠麸样假膜覆盖，假膜脱落后形成溃疡。此病变类似于患有家禽念珠菌病的一些病鹅的表现，应注意鉴别。

[选自陈国宏、王永坤主编的《科学养鹅与疾病防治》(第二版)，中国农业出版社，2011年]

### 10. 食道等上消化道黏膜上有大量散在的白色坏死小结节

当发生维生素A缺乏时，食道、咽部甚至在口腔黏膜上出现大量白色、直径2毫米左右的坏死小结节，多时小结节密密麻麻，覆盖整个黏膜表面，有的病例甚至波及嗉囊；随着缺乏症的发展，坏死小病灶增大，突出于黏膜表面；病程进一步发展，这些病状变成由炎症渗出物包围着的小溃疡。这种病变与家禽念珠菌病表现的灰白色干酪样颗粒小结节相似，应注意鉴别。

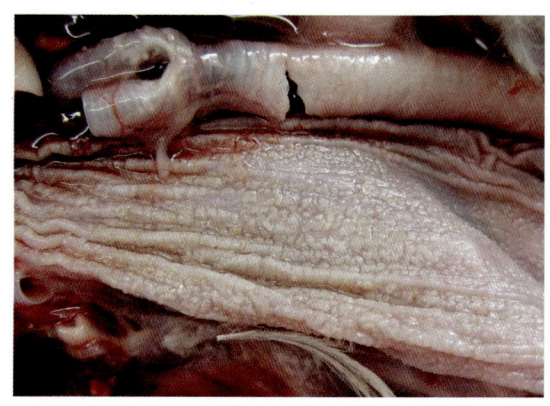

## 11. 腹腔积液（腹水）

参见本书第 116 页相关内容。

## 12. 死亡鹅腹腔内有大量的血凝块

参见本书第 116 页相关内容。

## 13. 肝脏等内脏或同时在气囊上散布着灰（黄）白色结节或灰色霉菌斑点

发生禽曲霉菌病的病鹅，在肝脏等内脏或同时在气囊上出现粟粒大至黄豆大的黄白色、灰白色结节，切开结节见有层次的结构，中心为干酪样坏死组织，内含大量菌丝体，外层为类似肉芽组织。有的还未形成结节，是一个个呈灰色的霉菌斑点。长期使用抗生素引起菌群失调也会导致霉菌生长。

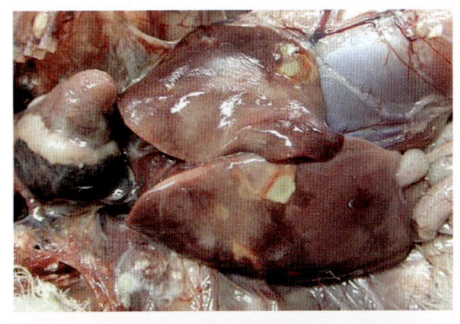

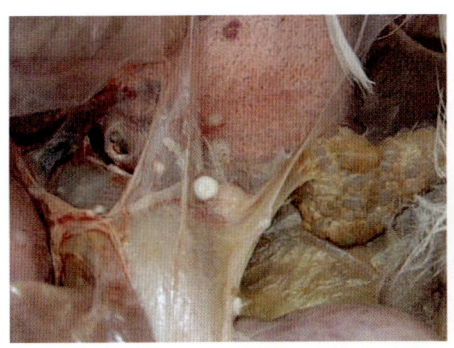

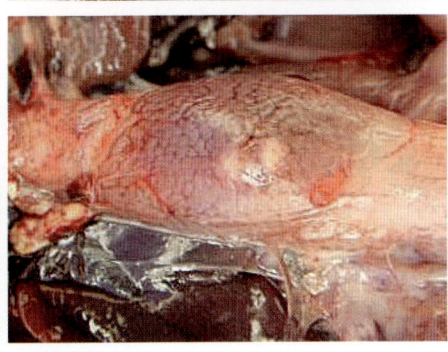

## 14. 肝脏等内脏表面或同时在腹膜（气囊）上附着一层石灰样物质（尿酸盐）

这是痛风（内脏型）的特征病变。大量白色的尿酸盐沉积在腹腔、胸腔中内脏或同时在腹膜（气囊）的表面，像一层石灰不均匀地撒在上面，

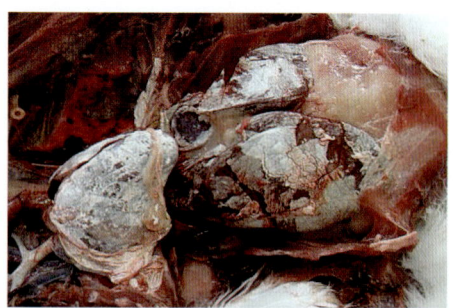

严重地方为一层厚厚的白膜,稍轻的像稀稀地撒了一层白粉。引起痛风的原因有多种,如维生素A严重缺乏、发生鹅出血性肾炎肠炎、过多饲喂高蛋白质的饲料或高钙饲料、不合理使用磺胺类药物和氨基糖苷类抗生素等。

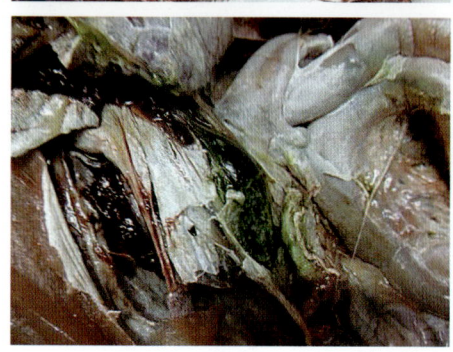

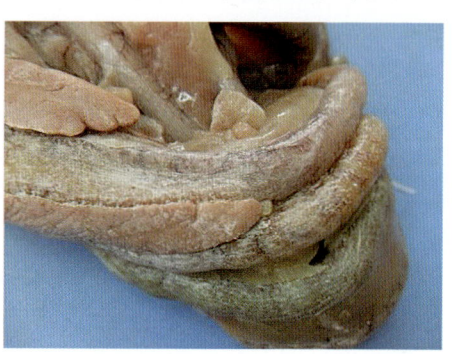

### 15. 肝脏等各种脏器上和腹腔中有黄色渗出物(卵黄性腹膜炎)

这是因卵巢发生病变或输卵管炎导致卵子破裂、卵黄流到腹腔而引起的一种腹膜炎。发生这种腹膜炎时,不仅卵巢或输卵管有病变、卵子破裂,而且腹腔内还有流淌的卵黄色液体,整个腹腔内脏都覆盖带有卵黄的炎性渗出物;有的病例腹腔中还

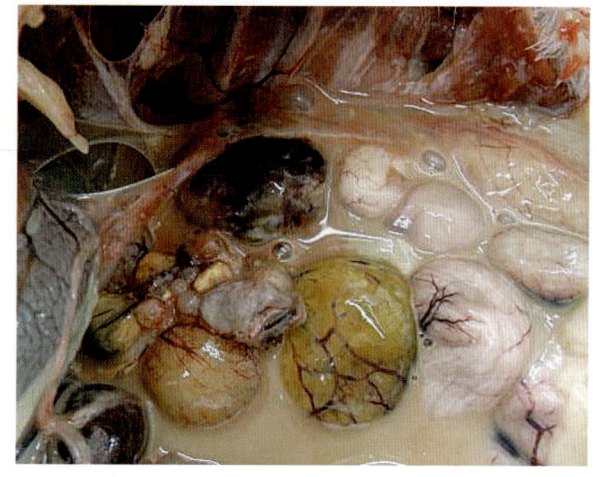

有大量条块状或絮片状纤维素,严重的造成腹膜粘连。这种病变在禽流感、鹅新城疫、鹅的鸭瘟病毒感染、大肠杆菌病、禽沙门氏菌病、前殖吸虫病(主要几种吸虫病之一)等病例中见到。当产蛋鹅受到长途运输等应激后,卵巢也会发生变性、退化,甚至卵子破裂引起腹膜炎。

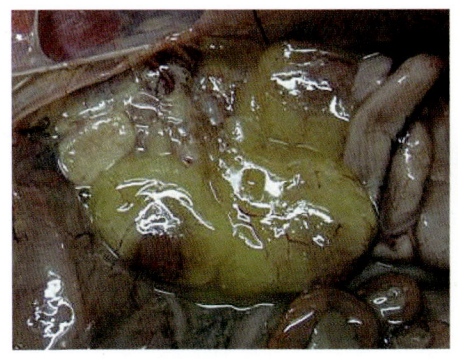
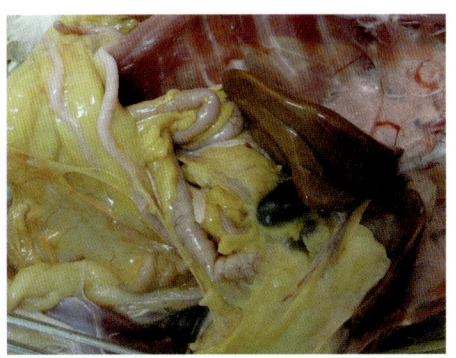

## 16. 肝脏等各种脏器上和腹腔中有大量灰白(黄)色、絮(片)状纤维素渗出物(腹膜炎)

发生大肠杆菌病或鹅的鸭疫里氏杆菌感染时,有些病鹅出现严重的腹膜炎,腹腔中有大量黄(灰)白色的纤维素渗出,呈絮状或条片状,黏附在腹膜或各种脏器上,有的腹腔有积液,病程长的纤维素引起各脏器间或(和)与腹壁发生粘连。严重的组织滴虫病因盲肠溃疡穿孔,也可引起腹膜炎。

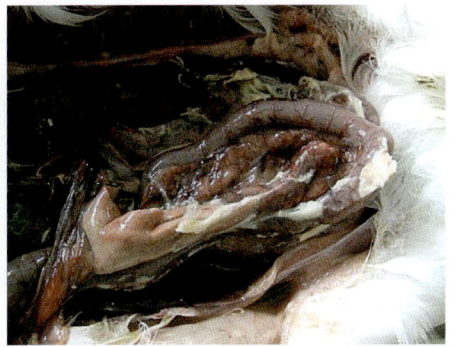

## 17. 肝表面附有大量黄白色纤维素蛋白膜（肝周炎）

一些疾病导致肝脏发炎时，不仅肝脏肿大，而且在肝脏表面黏附有大量黄白色或灰白色，呈絮状、片状或条块状的蛋白纤维膜，严重的纤维膜包裹了整个肝脏，见不到肝脏的实质，蛋白纤维膜不易与肝脏剥离，这种肝炎常称为肝周炎；此时，腹腔中可有积液和纤维素渗出物，甚至内脏发生粘连。同时，心脏往往发生纤维素性心包炎。肝脏这种病变常见于大肠杆菌病、鹅的鸭疫里氏杆菌感染和衣原体病的病例，有资料称也见于小鹅瘟。

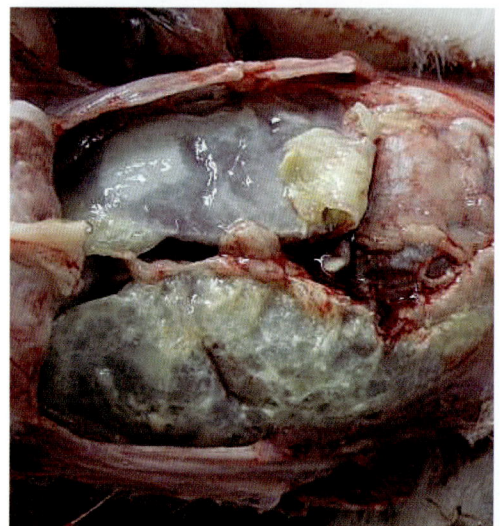
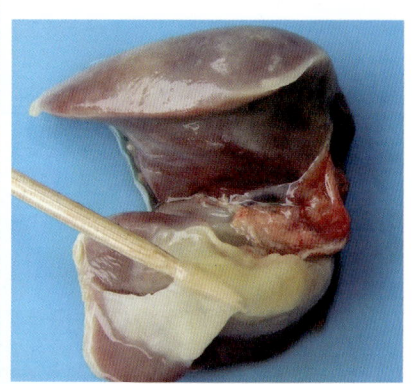
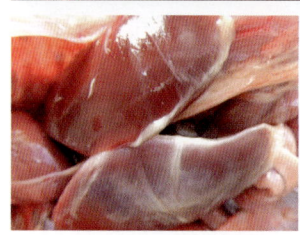
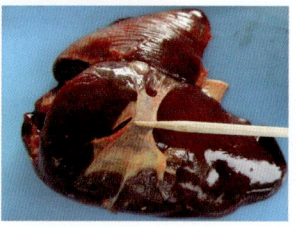

## 18. 肝脏呈樱桃红色

在采用炭火加温育雏过程中，如果操作不慎导致雏鹅发生一氧化碳中毒后，剖检时可见到肝脏变成樱桃红色，同时，嘴部的喙也出现同样的颜色。

## 19. 肝脏变性、肿胀，并呈黄色或土黄色

这是鹅发生黄曲霉毒素中毒后常常出现的一个特征性病变。黄曲霉毒素会破坏肝组织导致肝脏变性、坏死、肝细胞中胆汁渗出，从而使肝脏出现肿胀、质地变硬、色泽变黄。病程较长者，肝脏从变性发展到整个肝脏坏死。此病变也见于坏死性肠炎、后睾吸虫病（主要几种吸虫病之一）。

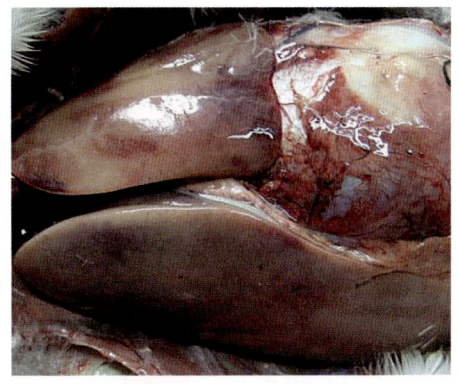

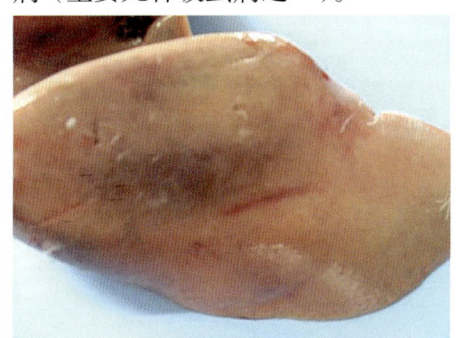

## 20. 肝脏肿大，并有黄白色坏死斑点

发生禽沙门氏菌病、坏死性肠炎等病鹅，肝脏出现肿大和坏死。肿

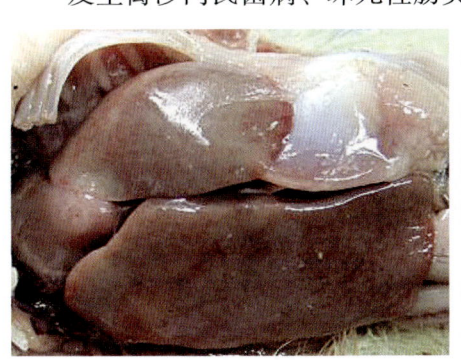

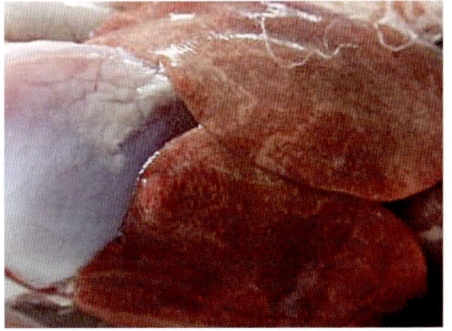

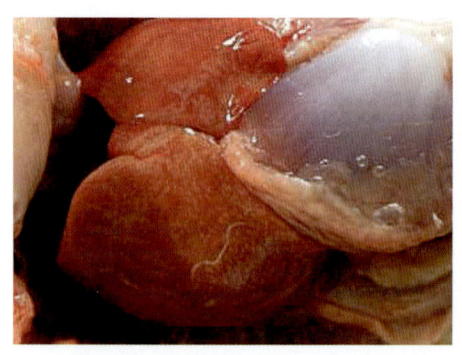

胀的肝，边缘钝圆、质地变硬、切面外翻，色泽变化不一，但变性坏死的肝组织呈黄白色、混浊和凝固状，表现为肝上有数量不定、大小不等的黄白色坏死斑点，坏死斑点呈弥散性或连片状，严重的整个肝脏变得黄白。

### 21. 肝脏肿大，并有圆形或不规则呈下陷状的白色坏死斑

有资料报道，主要发生于鸡的组织滴虫病也能在鹅身上发生，引起坏死性肝炎，使肝脏出现比较特征性的病变，即肝脏肿胀，边缘钝圆，色泽不一，有数量不定、散在的、大小相近、圆形或不规则形的、中央下陷的白色坏死斑。

### 22. 肝脏肿大，并有大量细小的灰白色坏死点

发生急性禽巴氏杆菌病、败血型葡萄球菌病、鹅的鸭瘟病毒感染、衣原体病或一些禽沙门氏菌病时，肝脏往往出现特征性的坏死变化，即肝脏

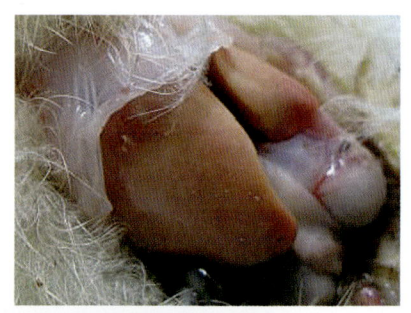

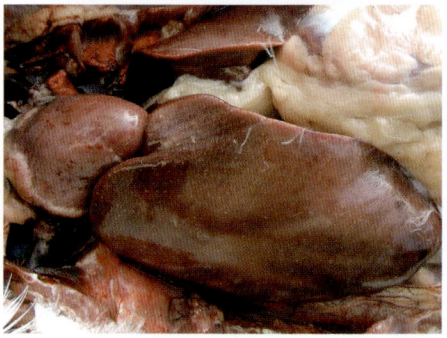

三 各种病（死）鹅异常表现及其相应的疾病

肿胀、边缘钝圆、质地变硬，肝表面常常有大量散在的、如针尖大小、呈灰白色的凝固性坏死点。

## 23. 肝脏上同时有紫红色的出血斑点和灰黄（白）色的坏死斑点

发生禽呼肠孤病毒感染的病鹅常有这种病变，在一些禽沙门氏菌病的病例中也可见到。虽然病变肝的色泽有多种变化，但主

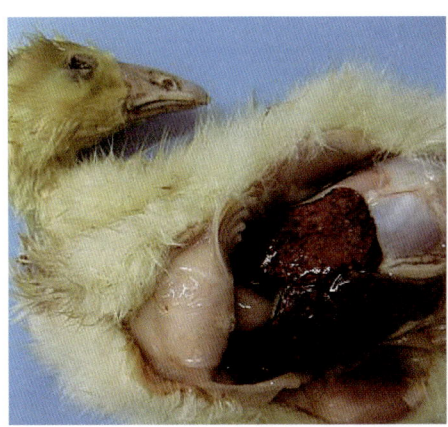

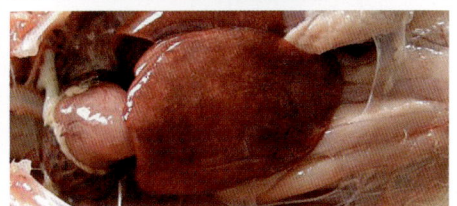

要以出血和坏死变化为主，肝脏上紫红色出血灶与灰黄（白）色坏死灶形状不规则、不成比例地混杂散布，病灶有大有小、数量不定。

## 24. 肝脏肿大，并有不同性状的出血变化

此病变表现为肝边缘钝圆，但肝脏可呈多种色泽，出血灶也变化多样，有的为斑点状、条状，有的呈弥漫性，出血灶形状不规

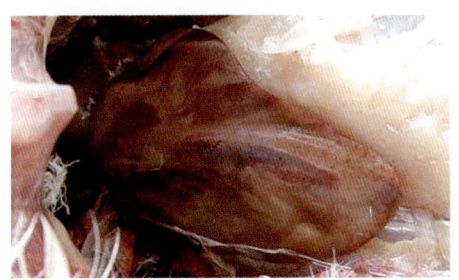

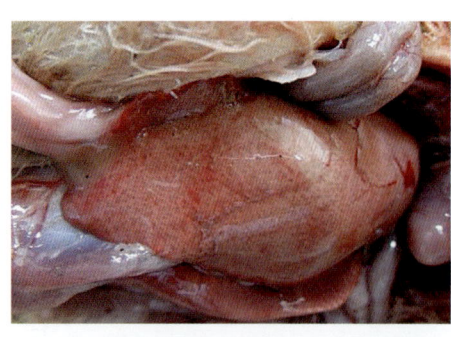
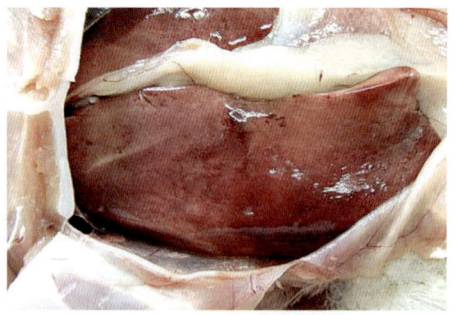

则，并有大有小等现象。肝脏这种病变常见于由禽呼肠孤病毒感染引起的雏鹅脾坏死症、禽流感、禽沙门氏菌病、中暑以及磺胺类药物、痢菌净和呋喃类药物中毒等，也可见于鹅的圆环病感染病例。

### 25. 肝脏等器官上有坚硬的黄白色结核结节

发病鹅肝脏和肌胃等器官表面上有黄白色结核结节，表明鹅得了结核病，这种病在鹅身上极少见。发病者，肝脏肿大，肝上的结核结节呈

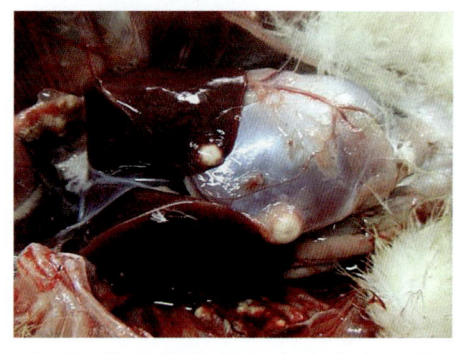

不规则分布；灰黄色或灰白色、坚硬；结节与肝组织界限明显；结节数量不定，从很少到数不清；大小也不等，从刚能够辨认出结构到直径数厘米大小的巨大肿块，大的结节常有不规则的肿瘤样轮廓，在其表面常有较小的颗粒。切开这些结节后，在切面上可见

到不同数量的黄色小病灶或有一个干酪样的黄色中心区，有的呈钙化状。发现后应及时淘汰无害化处理病鹅、彻底清场消毒。

### 26. 肝脏上长有肿瘤

这是鹅的一种肿瘤性疾病。在肝脏上生长的肿瘤性状各异，有的在肝表面形成凸起的、大小不等、数量不定的白色肿瘤结节；有的大量白色肿瘤结节分散在整个肝脏的实质中，致使肝脏肿大结实；有的白色肿

瘤与肝组织界限不清、结构模糊，弥散于肝脏中，肝脏也肿胀结实。切开肿瘤病灶可见为白色的肉样组织结构。肿瘤也可在其他组织器官上出现。引起肝脏生长肿瘤的原因还不完全清楚。如发生在大于1岁年龄以上的鹅，往往是长期采食含黄曲霉毒素的饲料所致；有的认为是得了禽白血病（一种病毒性肿瘤疾病，自然感染主要发生于鸡）；也已证实可见于网状内皮增生症（一种病毒性肿瘤疾病，以前在鹅身上不多见）。

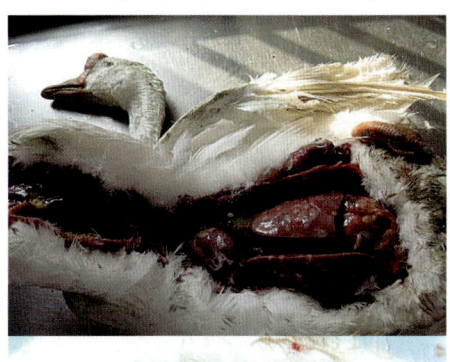
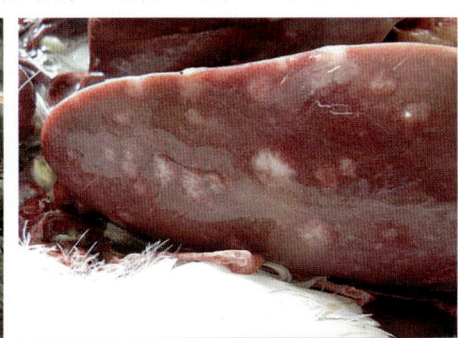
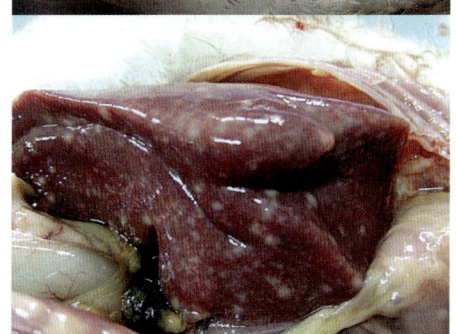
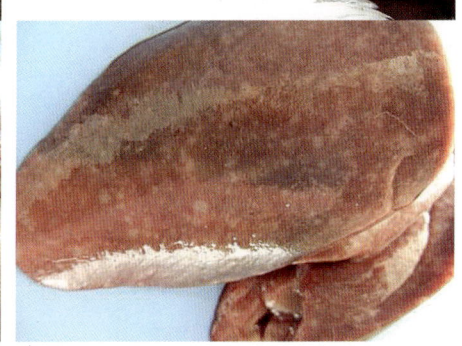

### 27. 肝脏等器官上有大小不等的紫色血管瘤

这是一种肿瘤性疾病。血管瘤呈紫色，形态各异、大小不等、数量不定，有的病例中长有血管瘤的病肝上同时有肉样肿瘤结节（如图），下页图中肝、肾上除血管瘤外，整个肾脏发生肿瘤样变

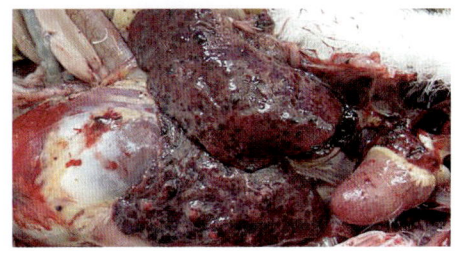

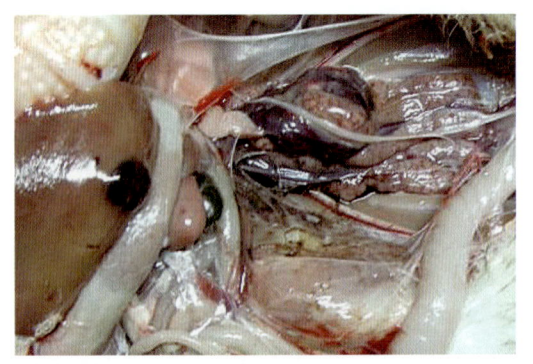

而肿大。引发肿瘤的原因较复杂，有的认为是鹅得了禽白血病（一种病毒性肿瘤病，自然感染主要发生于鸡）的结果，长期采食含有黄曲霉毒素的发霉饲料也可引起这种肿瘤病变。

## 28. 肝脏上有一局灶性出血灶或血凝块

当鹅群在实施胸部注射接种疫苗后不久，如出现个别或部分鹅发病或死亡，并剖检病死鹅发现其肝脏上有一个大小不定的紫红色出血灶或有一血凝块，这种情况往往是因实施胸部接种疫苗不当、接种疫苗的针头刺入肝脏所引起。

## 29. 胆囊显著鼓胀膨大

许多疾病发生后，胆囊会显著鼓胀膨大、充满暗绿色胆汁。这种病变在患有小鹅瘟、禽呼肠孤病毒感染、禽沙门氏菌病、后睾吸虫病（主要几种吸虫病之一）、磺胺类药物中毒或痢菌净中毒等疾病中可见到；坏死性肠炎发病鹅，在胆囊肿大的同时，往

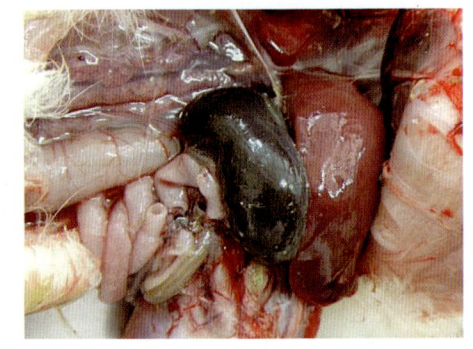

往有肝脏被渗出的胆汁染成墨绿色的现象；黄曲霉毒素慢性中毒时，不

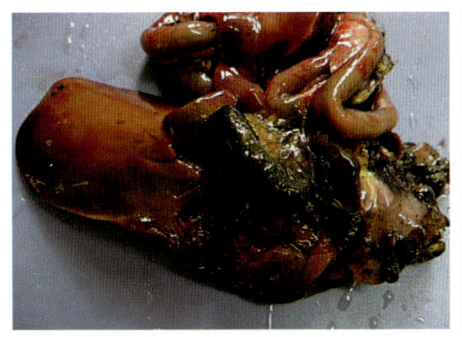
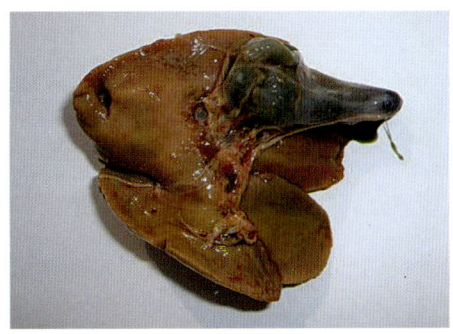

仅胆囊肿大,而且肝脏往往萎缩、变硬。因此,诊断疾病时应细致检查其他异常表现。

### 30. 胆囊鼓胀膨大,并夹杂着白色

这是鹅发生磺胺类药物中毒后往往出现的变化,因胆汁内含有白色的尿酸盐沉积而引起,所以在胆囊膨胀的同时,胆汁色泽发生变化,出现绿色的胆汁中混杂着白色物质(图片中肾脏也有尿酸盐沉积,色泽变白呈花斑状)。

### 31. 胆管内有叶片状或线状的乳白色寄生虫

剖检机体消瘦等变化的病鹅时,如发现肝脏胆管中有长为1~20毫米、宽约为1毫米、呈叶片状或线状的乳白色寄生虫,表明鹅感染发生了后睾吸虫病(主要几种吸虫病之一)。寄生在胆管内的后睾吸虫数量不一,多的可达数百条,有的病例虫体可充满胆管。

### 32. 胰脏肿胀,并有数量不定的紫红色出血斑点和灰白色坏死斑点

发生禽流感、鹅新城疫、禽出败或由禽呼肠孤病毒感染引起鹅出血性坏死性肝炎时,肿胀的胰腺色泽变化多样,但往往有出血和坏死的病变,

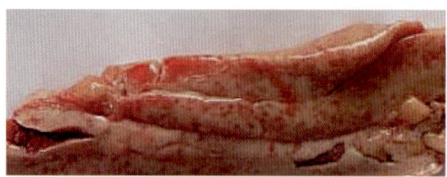
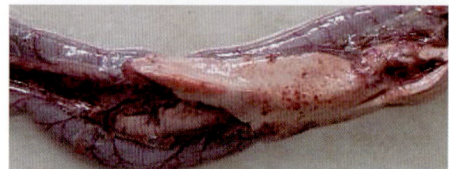
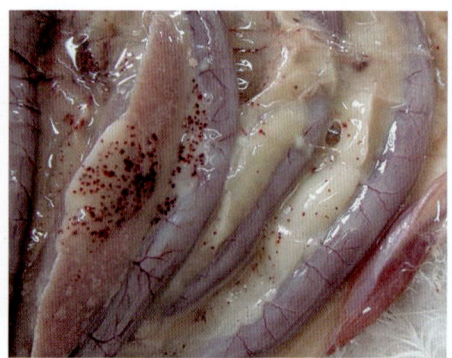

在其组织表面可见到数量不定的紫红色出血点和互相混杂在一起或分开的白色坏死斑点，有的病例坏死灶中间有出血点（如左下图），有的胰腺同时发生充血而发红（如左上图）。右上图片中，肠道间脂肪组织上也有出血点。

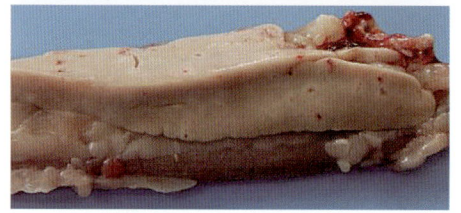

## 33. 胰腺发炎充血、出血

发生充血、出血的胰腺，在表现肿胀的同时，其组织上往往出现大面积发红或紫红色的病灶。这种变化，有的认为是鹅的鸭疫里氏杆菌感染的结果，也可能是得了大肠杆菌病或黄曲霉毒素中毒的表现。

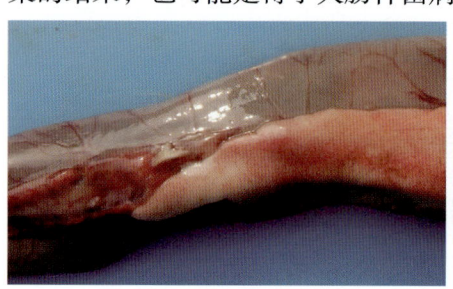
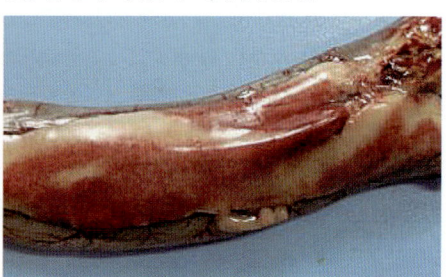

## 34. 胰腺和消化道壁或其他脏器表面有散在的点状出血小囊

发生住白细胞原虫病的一些病鹅，在胰腺和消化道壁或其他脏器表面出现散在的、形态和大小基本一致的、突起的、呈红色或紫红色的一个个点状出血小囊，这样的出血小囊在心脏、肝脏等器官上也可能同时见到。

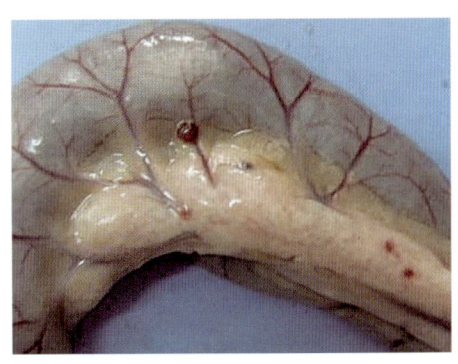

## 35. 胰腺肿大，并有灰白色或褐色的坏死斑点

发生禽流感、鹅新城疫或禽呼肠孤病毒感染引起的雏鹅出血性坏死性肝炎的病鹅，胰腺色泽变化不一，但往往出现肿胀、坏死的病变，胰腺体积增大、边缘钝圆，胰腺上面弥散着大量的灰白色或褐色、凝固状等不同性状的坏死点。有的病例胰腺同时充血而发红（如右上图），有的褐色坏死灶液化下陷（如右下图）。

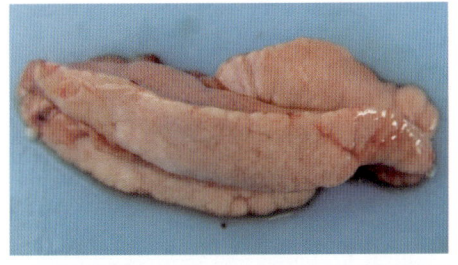

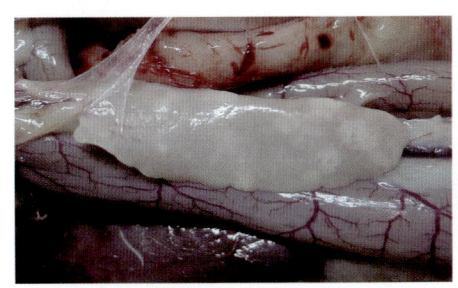
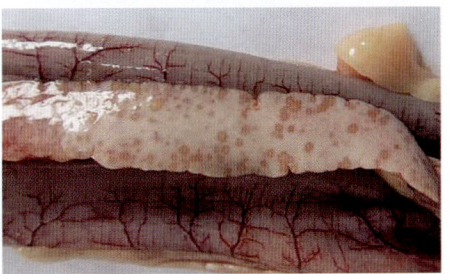

## 36. 腺胃肿大，表面有灰白色肿瘤结节

这是一种肿瘤性疾病。在腺胃上生长的肿瘤常为结节状凸起，结节

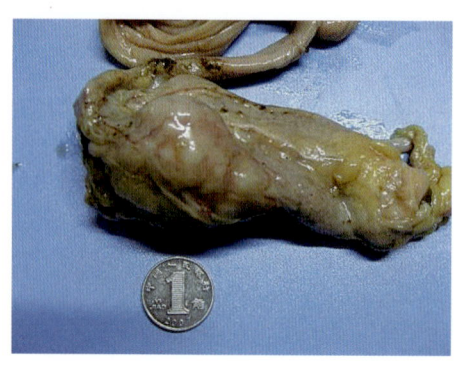

大小不等、数量不定，肿瘤结节多时可互相拥挤在一起，肿瘤结节呈白色，切开结节为肉样组织结构。引发肿瘤的原因比较复杂，目前还不完全明确，长期采食含有黄曲霉毒素的发霉饲料可能是一个重要因素。

## 37. 腺胃黏膜有出血斑点

发生禽流感、鹅新城疫、痢菌净中毒、喹乙醇中毒、磺胺类药物中毒、有机磷中毒、食盐中毒、黄曲霉毒素中毒等病时，腺胃黏膜常发生出血或伴有肿胀，可见有数量不定、大小不等的红色或紫红色出血斑点，有的出血灶密集在某一区域，出血点多时，可密布于整个腺胃黏膜；有的黏膜表面还有大量黏液。

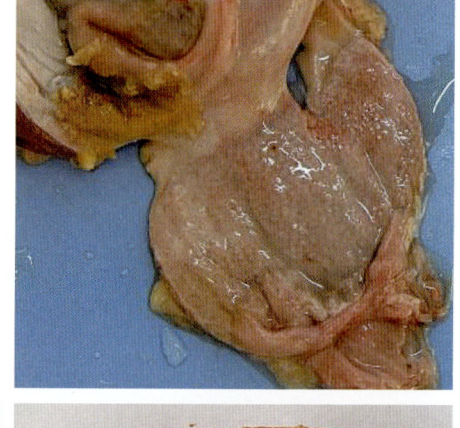

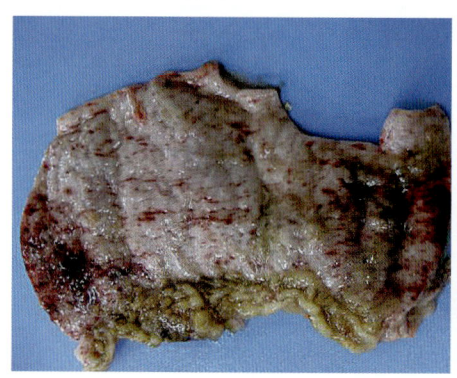

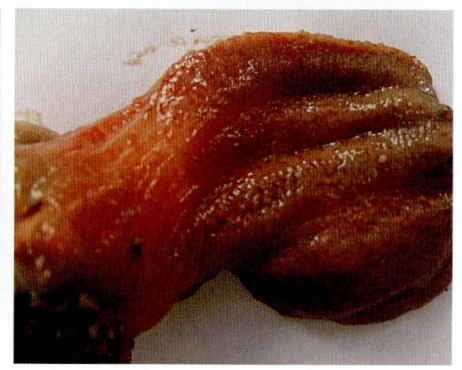

## 38. 腺胃黏膜上有大量糊状物（黏膜脱落）或同时出血

在一些禽流感、坏死性肠炎、痢菌净中毒、呋喃类药物急性中毒或有机磷中毒等病例中，鹅的腺胃黏膜会大量脱落，在胃内形成白色的糊状物，有的病例黏膜上有紫红色出血病灶。

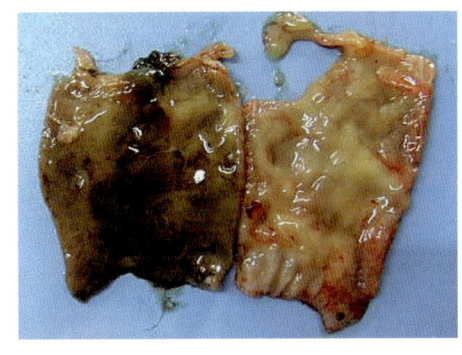

## 39. 腺胃黏膜上有细小点状或豆粒大的灰白色干酪样物质

发生家禽念珠菌病的病鹅，可出现特征性的病变，其腺胃黏

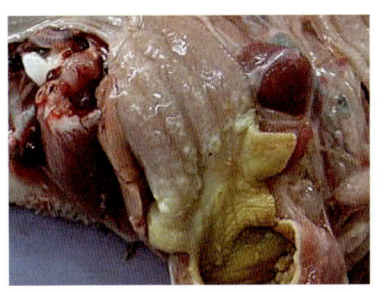
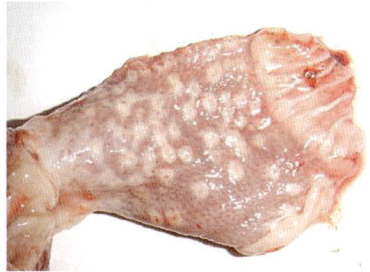

膜发生坏死增厚，出现大量灰白色、细小点状或豆粒大的干酪样坏死结节（假膜），散在地附着在腺胃黏膜上。

## 40. 肌胃浆膜表面上有紫色血囊（血管瘤）

这是一种肿瘤性疾病。肌胃浆膜表面上的血管瘤表现为一个个紫色的血囊，有大有小、数量不定。引发肿瘤的原因可能较复杂，目前还不完全清楚，有的认为是鹅得了禽白血病（一种病毒性肿瘤病，自然感

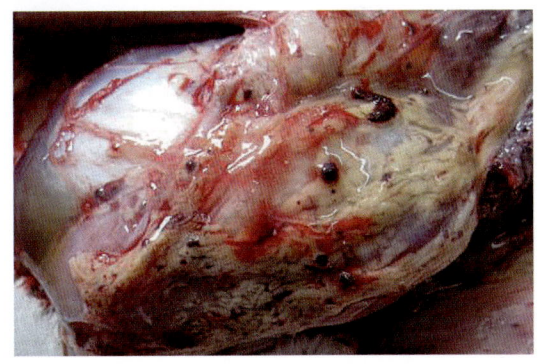

染主要发生于鸡）的结果，长期采食含有黄曲霉毒素的发霉饲料也可引起这种肿瘤病变。

### 41. 肌胃内有铁钉或同时被刺破

放养鹅在觅食过程中或出现异食癖的情况下，常常误食铁钉等异物。误食后引起消化不良，有的异物吸水膨胀，堵塞消化道，粪便难以排出或出血等，有的刺穿胃壁，导致急性死亡。

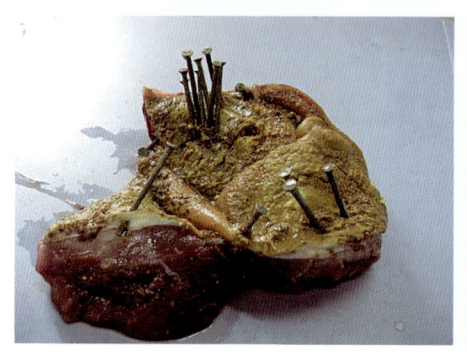
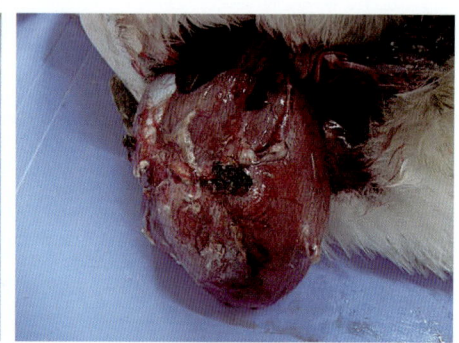

### 42. 腺胃和肌胃发炎、内容物腐败变质或同时呈黑色

患了坏死性肠炎的病鹅，其腺胃（肌胃）中的内容物发生腐败变质、气味难闻，有的腐败变质的内容物色泽变得乌黑；同时，腺胃黏膜出现发炎、变性或坏死的病变。

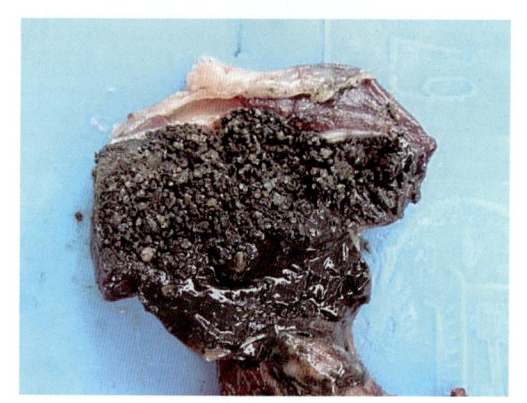

### 43. 胃内容物有大蒜样气味

剖检病死鹅胃肠道时，如闻到内容物有大蒜样气味，胃肠道黏膜充血出血、黏膜脱落，表明鹅可能发生了食入性有机磷中毒。

## 44. 肠道极度肿胀臌气、呈灰褐色或暗紫色外观，内容物乌黑

患有坏死性肠炎的病鹅，因肠道内容物发生腐败产生气，使肠道臌气，肠道外观高度膨胀，呈灰褐色或紫黑色；剖开肠道，肠内容物腐败变质呈乌黑色、气味难闻，肠黏膜坏死或脱落，有黄褐色干酪样坏死假膜或结节。

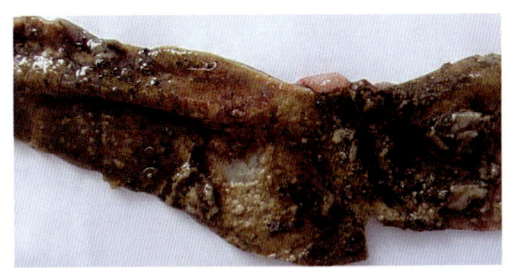

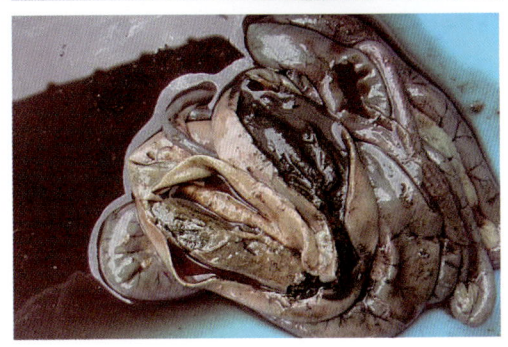

## 45. 肠道内有呈带状的绦虫，肠黏膜发炎

剖检肠道发现有绦虫，表明鹅得了绦虫病。寄生在肠道的绦虫呈节片带子状、乳白色；因绦虫种类不同，虫体长短不一，短的仅数毫米，长的可达数十厘米；寄生在肠道内虫体数量不定。因肠黏膜遭受破坏，引起肠炎，肠黏膜肥厚，肠腔内有多量黏液、恶臭味。

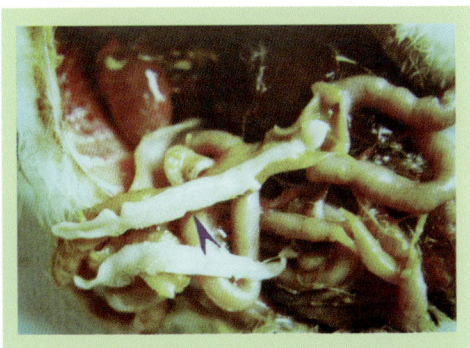

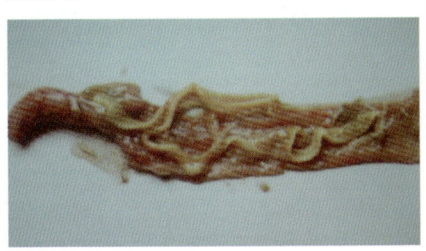

[选自陈国宏、王永坤主编的《科学养鹅与疾病防治》(第二版)，中国农业出版社，2011年]

### 46. 肠道内有形状各异的寄生虫，肠黏膜发炎

剖检病鹅时，发现肠道发炎，肠内容物有黏液，并有这种或那种体长和形态特征不一的寄生虫如棘口吸虫［红色扁条状、大小为（7.60～12.60）毫米×（1.26～1.60）毫米］、前殖吸虫（体长有数毫米不等、宽也有1毫米以上，呈芝麻形或梨形）、背孔吸虫（体长有2～5毫米不等、宽为1毫米左右，呈长椭圆形）等时，表明病鹅得了这种或那种寄生虫病，有的病例中虫体寄生部位的肠壁呈局灶性出血、溃疡。

### 47. 肠道外观有环状结节状肿胀，黏膜上有散在纽扣状坏死溃疡灶

有资料称，发生鸭瘟病毒感染的病鹅，剖解其肠道时发现肠道壁上有数量不定、大小不等、呈结节状的纽扣状溃疡灶。外观肠道有环状结节状膨大部，剖开肠壁可见到黏膜上有数量不定、大小不等的纽扣状坏死溃疡灶，表面呈糠麸样。肠道外观的结节状肿胀与鹅新城疫或禽流感的一些病例相似，应注意鉴别。

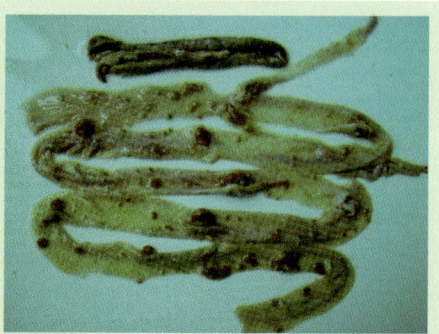

［选自陈国宏、王永坤主编的《科学养鹅与疾病防治》（第二版），中国农业出版社，2011年］

### 48. 肠道浆膜呈暗红色甚至暗紫色

各种未放血病死鹅通常有这种病变，原因是死亡后血液缺氧、红细

## 三 各种病（死）鹅异常表现及其相应的疾病

胞中含氧血红蛋白缺少，肠壁包括全身的血管中血液均变得深暗，因此，肠道及其他组织如肌肉、皮肤等均呈暗紫色。某些疾病也可导致肠道淤血，从而使肠壁发紫。

### 49. 小肠浆膜上有紫红色斑点、黏膜上有出血性坏死灶

发生禽流感或鹅新城疫的病鹅，肠道黏膜有出血性坏死病变。病灶数量不定、大小不等，严重的病灶在浆膜面就可见到；剪开肠管，肠内容物呈血红色，黏膜充血出血、糜烂脱落，或者肠壁上散布着结节状带有出血的糠麸样坏死溃疡灶。

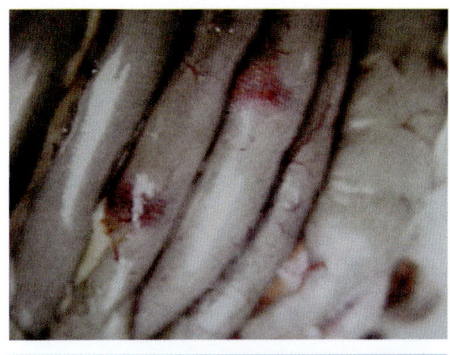

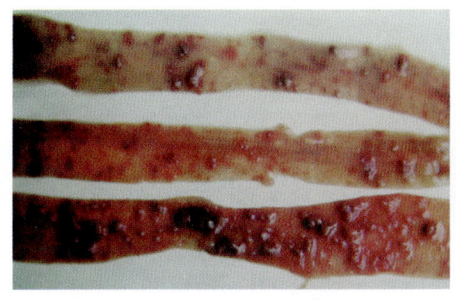

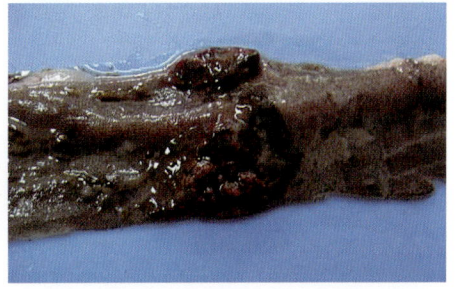

### 50. 小肠外观有环状结节状肿胀，肠黏膜有环状或局灶性肿胀和出血

发生禽流感或鹅新城疫时，肠道上常有特征性的病变，即在

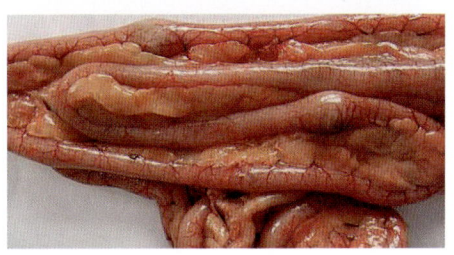

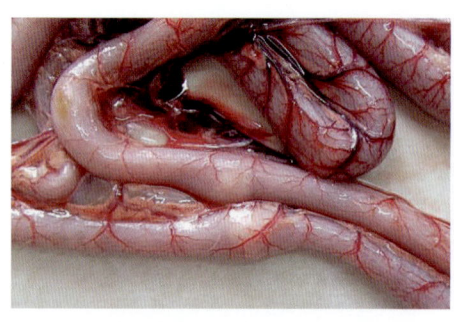 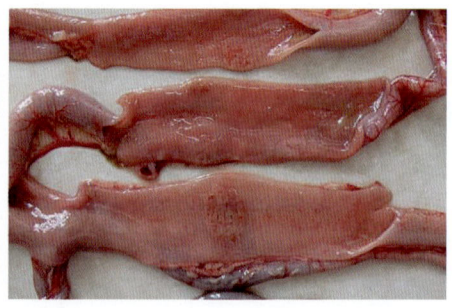

肠道的某一部位出现环状结节状肿胀，剪开肠道，在该部位的肠黏膜有相应环状或局灶性炎性肿胀和出血。肠道外观环状结节状肿胀与发生鸭瘟疫病毒感染的一些病例相似，应注意鉴别。

### 51．小肠有戒指样环状或局灶性紫红色出血区

在发生禽流感或鹅新城疫的病鹅中，常有特征性的肠道病变，在肠道的某一部位出现一环状肿胀出血带或局灶性出血，外观这段肠道整圈

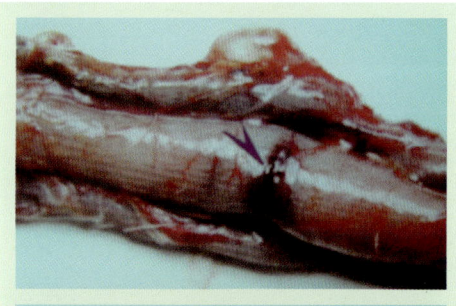
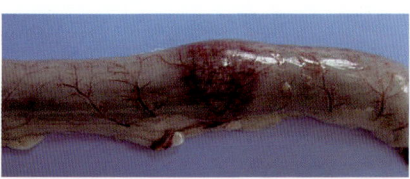
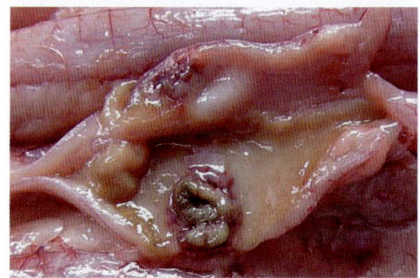
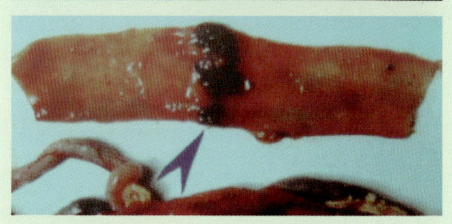
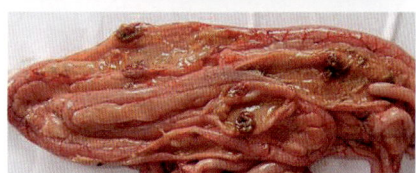

［选自陈国宏、王永坤主编的《科学养鹅与疾病防治》(第二版)，中国农业出版社，2011年］

呈紫红色，并肿胀，与非出血部位有较明显和整齐的界限，出血区似一枚戒指或呈区域性。剪开肠道，该部位的黏膜有相应的出血性坏死灶，有的出现溃疡。

### 52. 小肠黏膜有散在或弥漫性充血、出血，或同时有黏膜脱落

发生禽流感、鹅新城疫、鹅的鸭瘟病毒感染、鹅出血性肾炎肠炎、禽出败、大肠杆菌病、禽沙门氏菌病等的病鹅，肠黏膜常发生散在的或弥漫性充血出血，整个肠道黏膜呈红色或紫红色，并往往有黏膜脱落，在肠道表面有一层厚厚的红色或紫红色的乳糜样物质。许多中毒病如磺胺类药物中毒、痢菌净中毒、喹乙醇中毒、呋喃类药物中毒、食盐中毒或有机磷中毒等也有此病变。所以诊断疾病时，应细致检查其他异常表现。

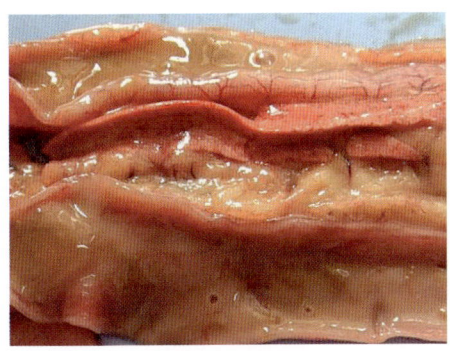

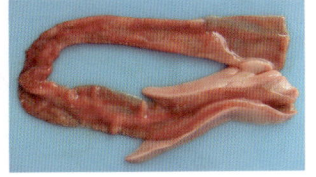

### 53. 小肠（十二指肠）严重出血发紫

发生急性禽出败、鹅的鸭瘟病毒感染、喹乙醇中毒等的病鹅，小肠（十二指肠）严重出血，外观肠道呈紫红色，在浆膜面就可见到紫红色出

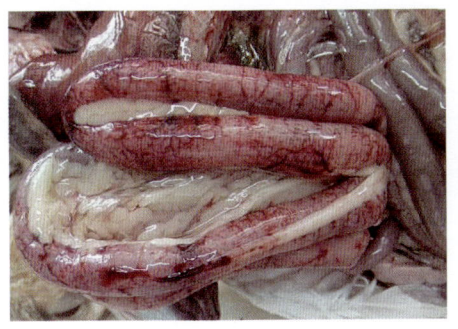
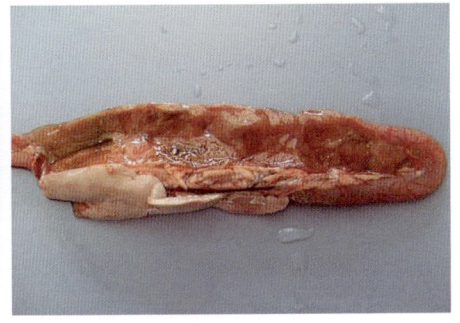

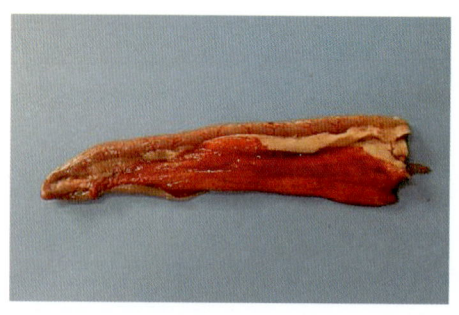
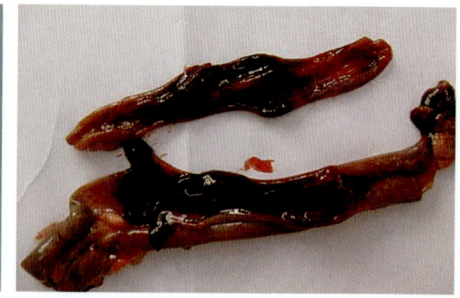

血灶；剪开肠壁，肠黏膜有严重出血病变，呈红色、紫红色或紫黑色，肠管内可积有血液。

## 54. 小肠黏膜发炎、出血，肠壁增厚、黏膜脱落

发生球虫病的病鹅，肠道出现严重病变，表现黏膜发炎出血和糜烂，肠壁增厚，剪开肠壁外翻。有的出血的黏膜上或覆盖一层奶酪样黏液，

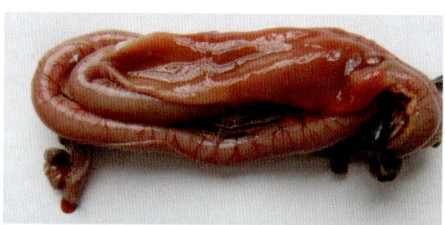
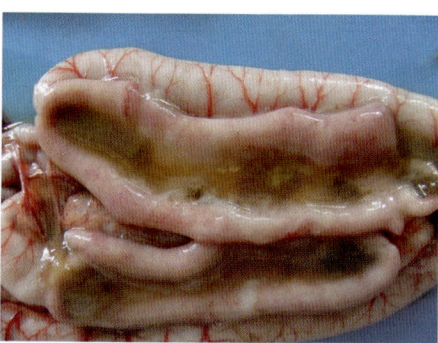
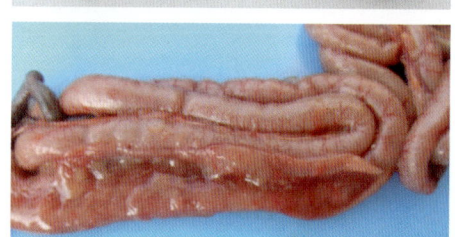
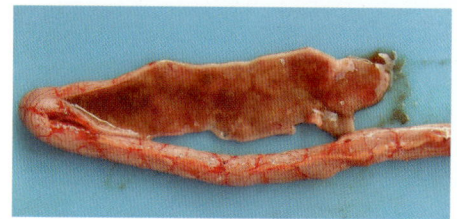
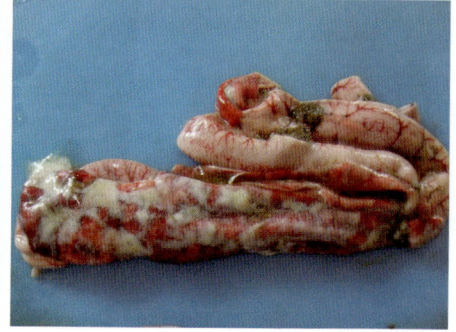

三 各种病（死）鹅异常表现及其相应的疾病

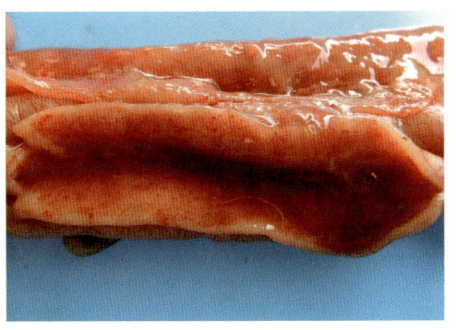 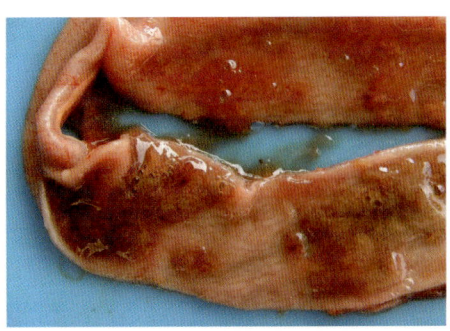

或是有糠麸样渗出物；有的脱落的黏膜及内容物呈红褐色；有的外观肠道呈紫红色。

## 55. 小肠黏膜出血、增厚，并有许多白色小结节

发生球虫病的有些病鹅，肠道黏膜不仅发炎出血、肠壁增厚、黏膜糜烂脱落，脱落的黏膜和肠内容物呈红褐色，而且肠壁上可见到散在的、大小基本一致的许多灰白色小结节。

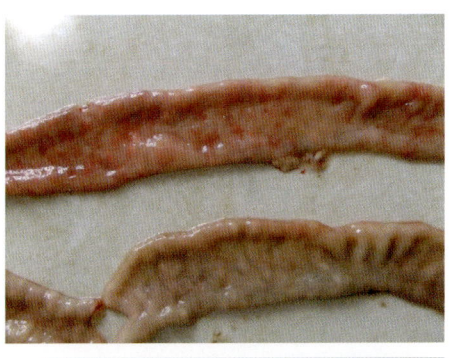

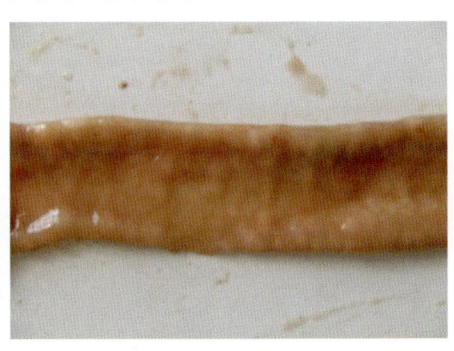 

## 56. 小肠膨大，内有香肠状凝固栓子

发生小鹅瘟的病鹅，空肠和回肠发生急性卡他性、纤维素性坏死肠炎，

外观肠道鼓胀膨大,剪开肠道整片坏死脱落的肠黏膜与纤维素性渗出物、肠内容物凝固形成栓子,有的脱落的肠黏膜成为包裹在肠内容物表面的假膜,在肠腔内形成与肠道形状相应的、呈淡灰色或淡黄色的、像香肠般的长圆柱体堵塞整个肠腔。

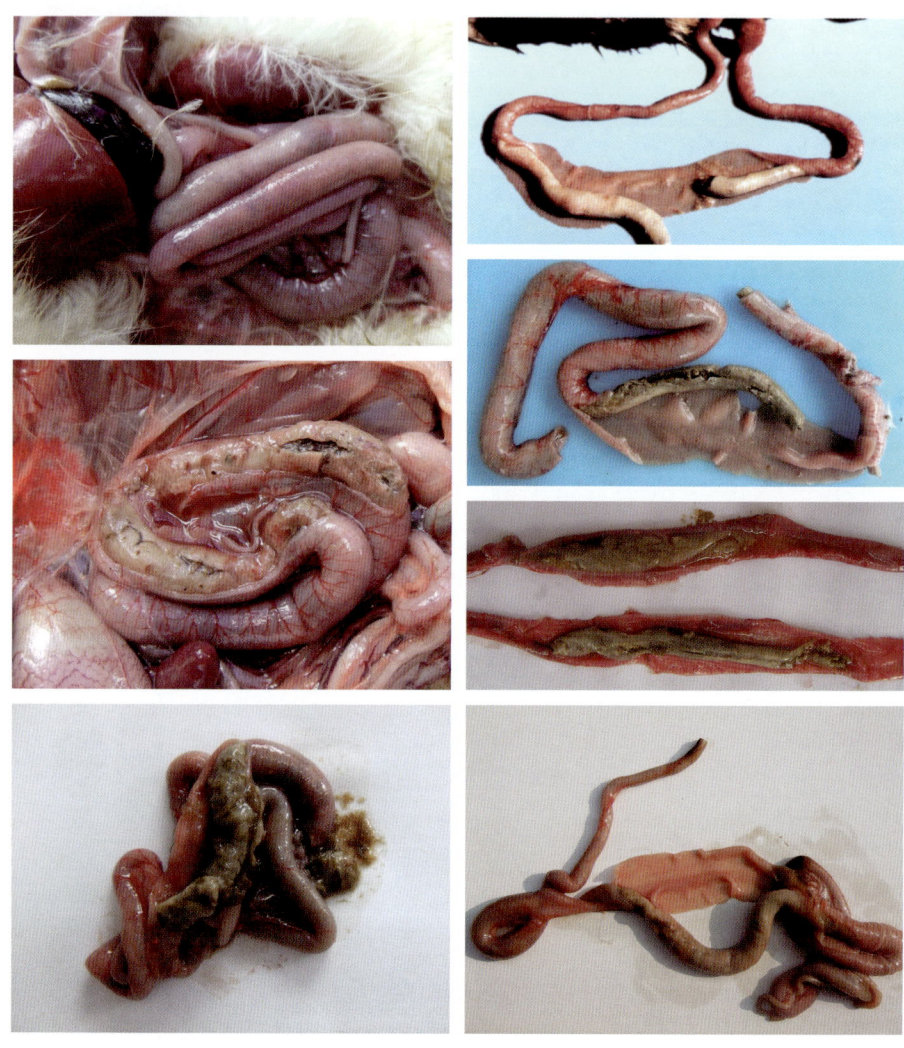

## 三 各种病（死）鹅异常表现及其相应的疾病

### 57. 小肠变细、变硬

发生喹乙醇等药物中毒的鹅，肠道出现萎缩变化，与同龄的鹅相比，肠管显著变得细小，同时，肝脏也明显萎缩；有的肠道还有出血病灶。这种肠道变化也常见于发育不良的僵鹅。

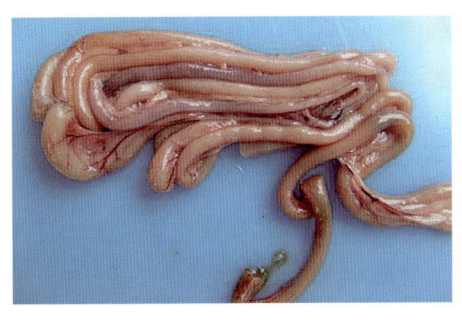

### 58. 小肠道内有蛔虫，肠黏膜发炎

当发生蛔虫病时，剖开小肠道，可发现肠道内有蛔虫的成虫。虫体细长，长 50～116 毫米，呈圆柱体、乳白色，虫体常弯曲；虫体数量不一，多时密密麻麻，互相扭缠在一起，充满整个肠管，引起肠道堵塞、甚至破裂。有时在腺胃和肌胃内也会发现有大量蛔虫虫体。

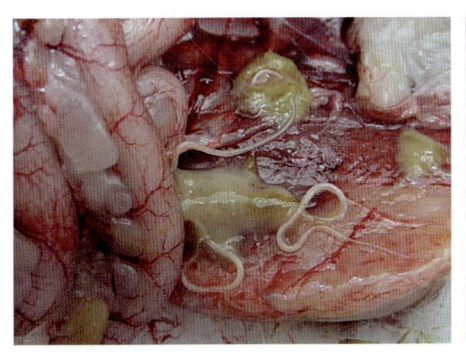
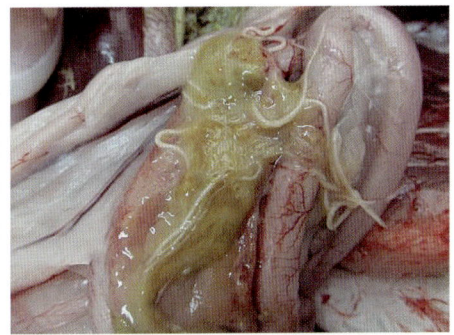

### 59. 小肠浆膜上有灰白色肿瘤结节

这是一种肿瘤性疾病。肠道上发生肿瘤病变时，可见到有一个或多个白色、结节状的突出于肠道表面的、呈球状或其他形状的肉样组织，肠道上长有多个肿

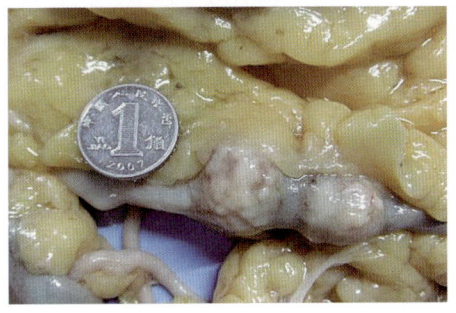

瘤时，就像是一串糖葫芦或呈串珠状。引起肿瘤的发生，原因可能比较复杂，目前还不完全清楚，长期采食含黄曲霉毒素的饲料是一个重要的因素。

### 60. 盲肠臌气，肠内有"S"形或卷曲状细小的异刺线虫

当盲肠内有异刺线虫寄生时，盲肠往往因大量气体产生而出现鼓胀膨大，肠壁变薄而透明，透过肠壁可依稀见到内部的虫体。剖开肠道，可见细小的异刺线虫虫体，长7~15毫米，为圆柱体、乳白色，呈不同的卷曲状态，有的为"S"状，有的卷成一个圈，虫体数量不一，多时密密麻麻，可达数百条；同时，肠内容物有特殊臭味。这表明鹅得了异刺线虫病。

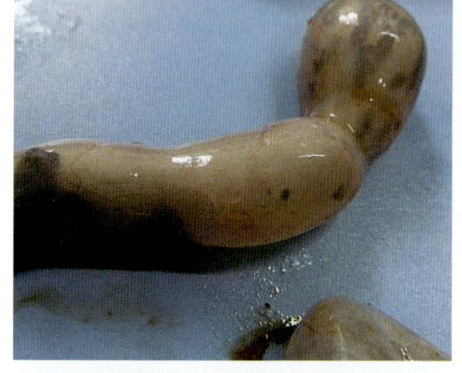

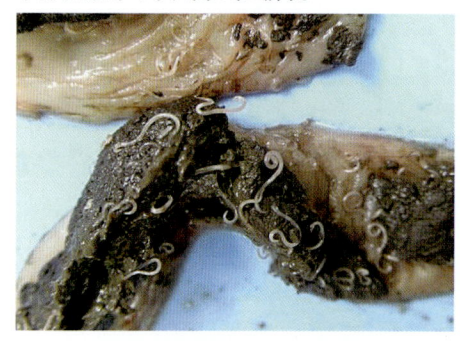

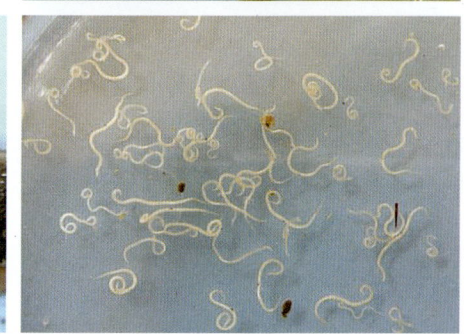

### 61. 盲肠黏膜增厚、出血，肠腔内积有血液

发生盲肠球虫病或急性组织滴虫病的鹅，可表现出血性盲肠炎，呈现盲肠肿胀，黏膜上有大量红色或紫红色出血灶，严重时，

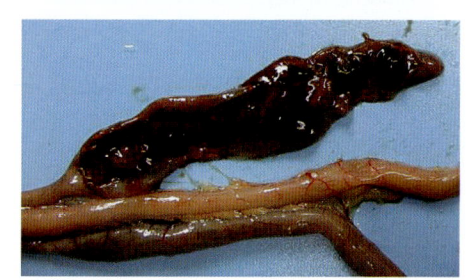

整个盲肠呈紫黑色,并可肿胀、黏膜增厚和粗糙,肠管内积有血液。

## 62. 盲肠变粗,浆膜和黏膜上有灰白(黄)色干酪样坏死物

有资料报道,主要发生于鸡的组织滴虫病,鹅也能发生,引起盲肠发炎,使盲肠浆膜和黏膜发生干酪样坏死,同时出血,在浆膜和黏膜面产生灰黄色、突出

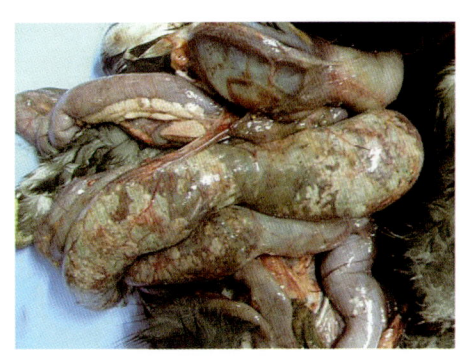

于表面的干酪样坏死物,或伴有紫红色出血灶,严重的在肠腔内形成干酪样栓子,整个盲肠肿胀,肠壁增厚。

## 63. 盲肠变粗,肠壁上有颗粒状黄白色坏死点

在发生禽沙门氏菌病的一些病例中,盲肠壁发生坏死性炎症,在盲肠浆膜面就可见到有弥散性的颗粒状黄白色坏死点,盲肠肿胀变粗;剪开肠道,肠黏膜坏死增厚,有大量黄白色干酪样坏死点。

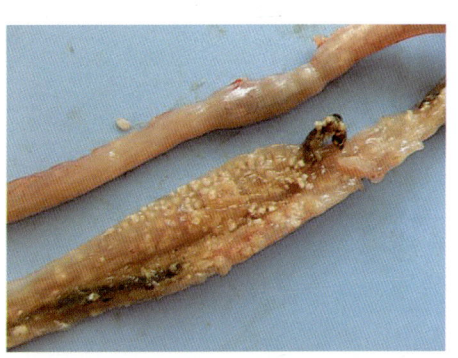

## 64. 大肠和泄殖腔等黏膜出现弥漫性糠麸样坏死

有资料称,发生鹅新城疫的一些病鹅,大肠和泄殖腔等肠道黏膜会出现广泛性坏死的病变,

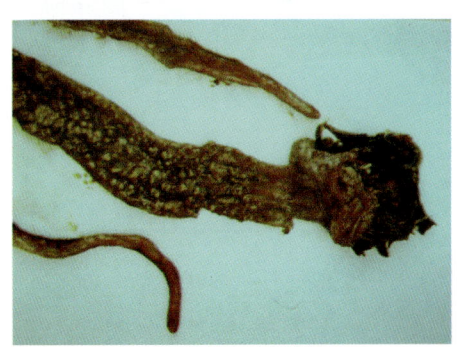

[选自陈国宏、王永坤主编的《科学养鹅与疾病防治》(第二版),中国农业出版社,2011年]

表现为大片肠道黏膜增厚，表面附着灰黄色的颗粒状糠麸样假膜。

### 65. 泄殖腔或同时直肠黏膜出现肿胀、出血，呈红色或紫红色

有些疾病常有此病变。感染鸭瘟病毒发病后，常见病鹅的泄殖腔或同时直肠黏膜发生出血，严重的整个泄殖腔和直肠黏膜呈紫红色，并有血液或血凝块；肿胀严重者黏膜外翻。禽流感病鹅出血也较严重，有的禽霍乱、大肠杆菌病和磺胺类药物中毒病例亦可有此病变。

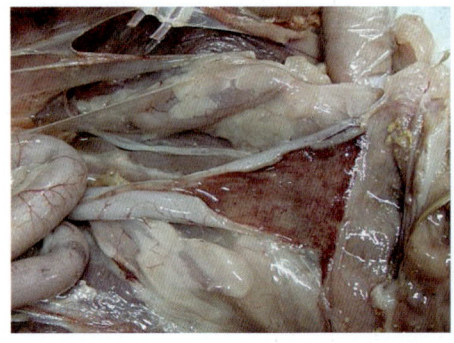

### 66. 泄殖腔或同时直肠黏膜发生严重出血、溃疡或有一层灰黄色或黄绿色糠麸样假膜

感染鸭瘟病毒的病鹅，其泄殖腔或同时在直肠黏膜发生炎症，有散在的斑点状出血和坏死灶，黏膜上面由黏膜坏死组织和炎性渗出物凝结而成的一层灰黄色或黄绿色糠麸样假膜覆盖，假膜脱落后形成溃疡。

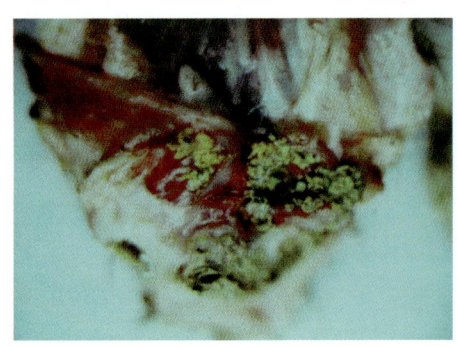

[选自陈国宏、王永坤主编的《科学养鹅与疾病防治》(第二版)，中国农业出版社，2011年]

## （五）呼吸系统异常及其相应的疾病

### 1. 呼吸急促或张口呼吸

许多疾病发生后，病鹅常出现呼吸困难的症状，表现呼吸用力、严重的出现明显的呼吸急促或张口呼吸的现象，如小鹅瘟、禽曲霉菌病、

## 三 各种病（死）鹅异常表现及其相应的疾病

家禽念珠菌病、鹅的鸭瘟病毒感染、禽呼肠孤病毒感染引起的雏鹅脾坏死症、禽沙门氏菌病、水禽传染性窦炎、禽流感、鹅的鸭疫里氏杆菌感染、禽霍乱、住白细胞原虫病、舟状嗜气管吸虫病（主要几种吸虫病之一）、中暑、有机磷中毒、食盐中毒、氨气中毒或一氧化碳中毒等多种疾病。因此，诊断疾病时应细致检查其他异常表现。

### 2. 咳嗽

这是呼吸道疾病常见的一种症状，因疾病严重程度不一，咳嗽的轻重也不一样。发生禽流感、鹅的鸭瘟病毒感染、鹅新城疫、禽曲霉菌病、家禽念珠菌病、水禽传染性窦炎、舟状嗜气管吸虫病（主要几种吸虫病之一）、普通感冒等疾病时，病鹅通常有咳嗽现象。

### 3. 喉头或（和）气管中有黏液

发生水禽传染性窦炎、衣原体病、禽出败、氨气中毒或普通感冒的病鹅，喉头或（和）气管中常有数量不一的浆液性或黏液性分泌物，有的呈泡沫状，有的很黏稠似脓样，量多的可充满喉头和气管。

### 4. 喉头或（和）气管出血

这种病变可见于禽流感，也常见于急性巴氏杆菌病发病死亡的鹅，因发生败血症，全身多个脏器组织出现出血变化，严重的在气管浆膜和黏膜均可见到数量不定、大小不等的紫红色或紫黑色出血斑点。发生甲

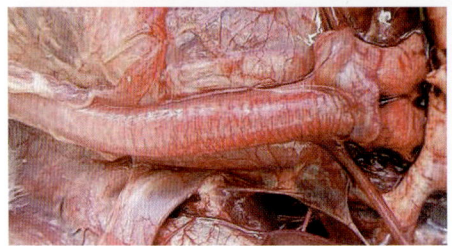

醛中毒的鹅亦可出现此病变。

### 5. 气管黏膜上有灰黄色结节状干酪样物

有资料称，发生家禽念珠菌病（鹅口疮）的一些病鹅，其气管黏膜也

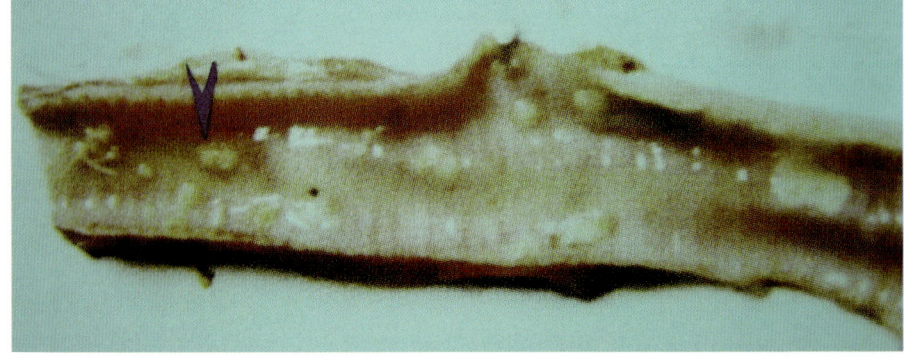

[选自陈国宏、王永坤主编的《科学养鹅与疾病防治》(第二版)，中国农业出版社，2011年]

可能出现坏死变化，表现为气管黏膜上有数量或多或少、呈结节状灰黄色的干酪样物质。

## 6. 气管内有舟状嗜气管吸虫

剖检病死鹅时，剪开气管发现黏膜上附有数量不定、暗红色或粉红色、背腹扁平、两端钝圆呈椭圆形、长6～12毫米、宽2～5毫米的虫体，表明鹅得了舟状嗜气管吸虫病（主要几种吸虫病之一）。

## 7. 气囊发炎混浊、粗糙，同时有不同性状的渗出物

在大肠杆菌病败血症、感染鸭疫里氏杆菌的病鹅、衣原体病或水禽传染性窦炎的病例中，常发生气囊炎，表现气囊膜增厚、粗糙、混浊，呈淡黄色或黄白色、片状或絮状的纤维素黏附在气囊膜上或气囊腔中，甚至造成气囊与胸、腹壁粘连。

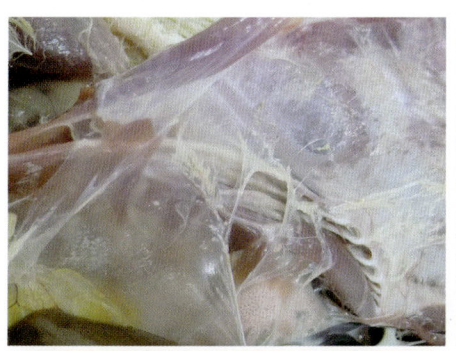
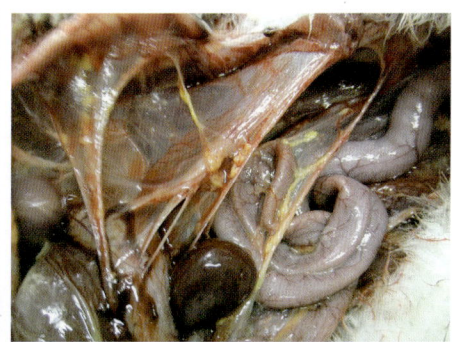
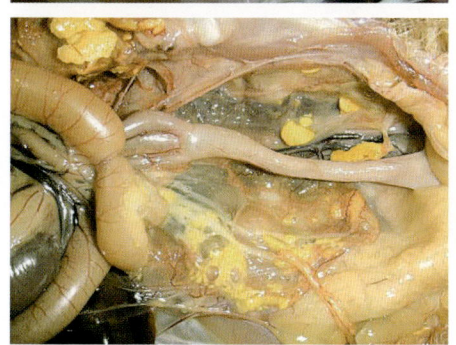
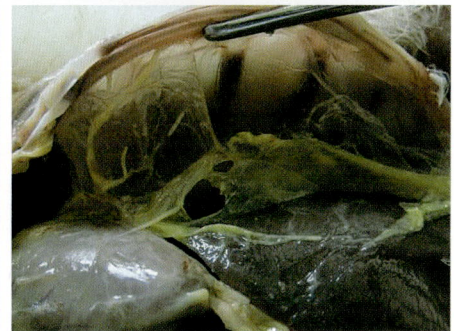

### 8. 气囊中有大量白色泡沫样渗出物

发生水禽传染性窦炎（水禽慢性呼吸道病）的一些病鹅，其气囊发生浆液性炎症，表现为气囊中有大量白色泡沫状浆液渗出，同时，气囊膜可能混浊。

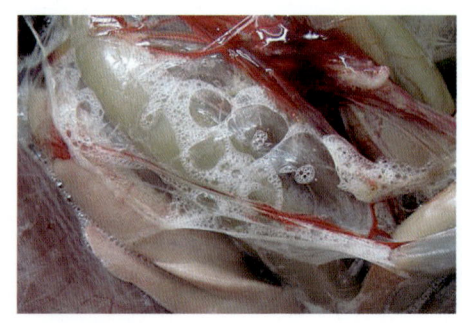

### 9. 气囊或同时在胸壁上有大量出血斑点

因急性巴氏杆菌病或禽流感发病死亡的鹅，常出现败血症病变，全身多个脏器组织发生出血变化，气囊、胸壁等也常有此病变，可见到数量不定、大小不等的紫红色或紫黑色出血斑点。图中气管、肺、心脏等部位均有出血变化。

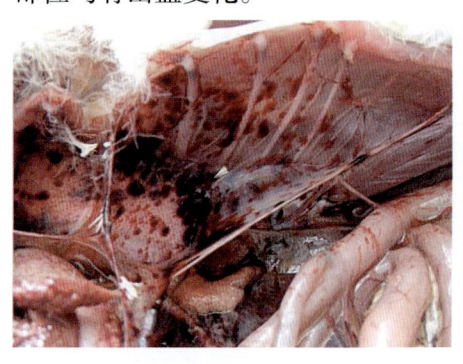
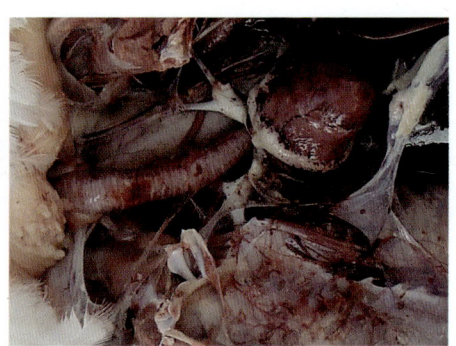

### 10. 气囊和胸腔内有灰白色肿瘤样结节

这是一种肿瘤性疾病。生长在气囊和胸腔壁上的白色肉样肿瘤结节，数量不定、大小不一，数量多时分布面很广，切开结节为肉样组织。引发肿瘤病的原因

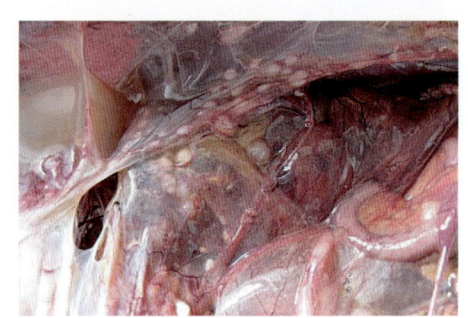

可能比较复杂,目前还不完全明确,有的认为是鹅得了禽白血病(一种病毒性肿瘤疾病,自然感染主要发生于鸡)的结果。

## 11. 气囊或同时在肺部等内脏上散布着灰(黄)白色结节或灰色霉菌斑点

发生禽曲霉菌病的病鹅,在气囊或肺脏等内脏同时出现粟粒大至黄豆大的黄白色或灰白色结节,切开结节可见有层次的结构,中心为干酪样坏死组织,内含大量菌丝体,外层为类似肉芽组织。有的还未形成结节,是一个个呈灰色的霉菌斑点。长期使用抗生素引起菌群失调也会导致霉菌生长。

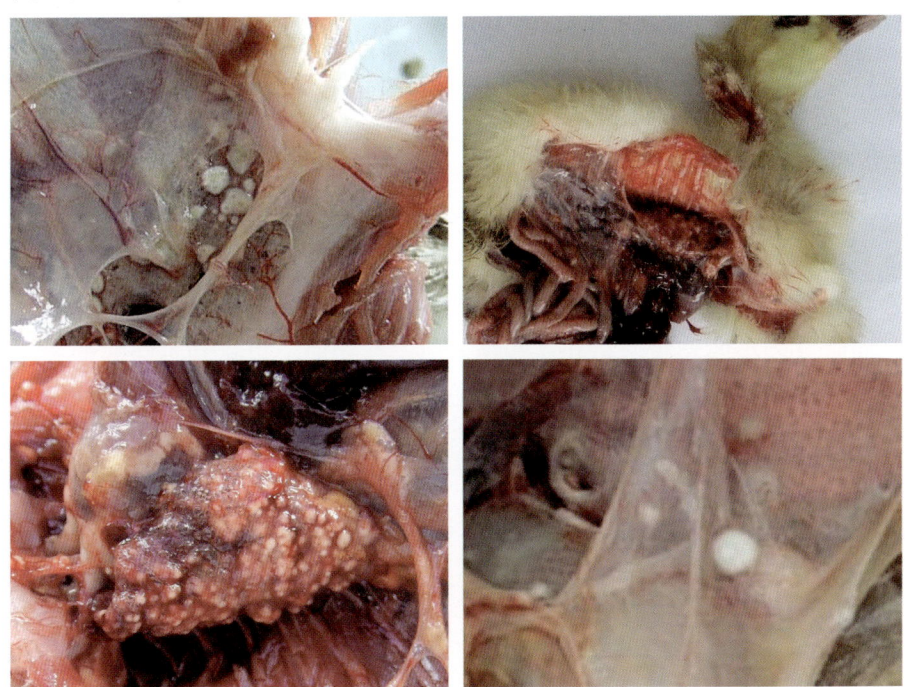

## 12. 气囊及内脏表面附着一层石灰样物质(尿酸盐)

这是痛风(内脏型)的特征病变。大量白色的尿酸盐可沉积在气囊和

 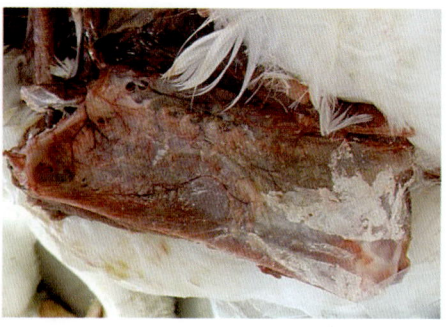

胸腹腔壁及内脏的表面,像一层石灰不均匀地撒在上面,严重的地方为一层厚厚的白膜,稍轻的像稀稀地撒了一层白粉。引起痛风的原因有多种,如维生素 A 严重缺乏、鹅出血性肾炎肠炎、过多饲喂含高蛋白质的饲料或高钙饲料、不合理使用磺胺类药物和氨基糖苷类抗生素等。

### 13. 肺部有大量的灰白色结核结节

这是一种结核病的病变,鹅发生禽结核病极为少见。发病鹅肺上的结核结节呈不规则形、灰黄色或灰白色、坚硬状;结节与肺组织界限明显;结节数量不一,从很少到数不清;大小也不等,从刚能够辨认出结构到直径数厘米大小的巨大肿块,大的结节常有不规则的肿瘤样轮廓,在其表面常有较小的颗粒。切开这些结节后,在切面上可见到不同数量的黄色小病灶或有一个干酪样的黄色中心区,有的呈钙化状。注意这种病变与肿瘤或霉菌性结节的鉴别。如果发现了结核病,应及时淘汰作无害化处理病鹅,并彻底清场消毒。

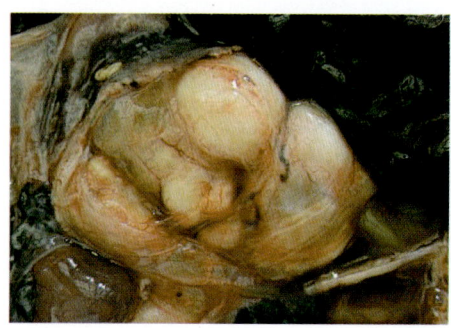 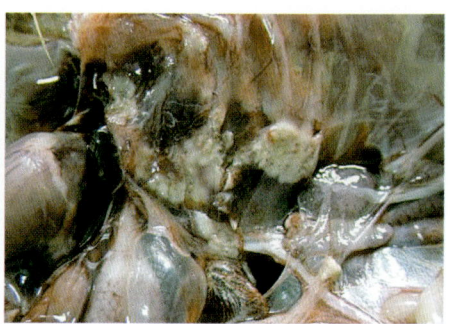

## 14. 肺部有肉样白色的肿瘤

这是一种肿瘤性疾病。发生肿瘤样病变时，肺上可见有大量白色肿瘤样结节，严重的整个肺被肿瘤组织所取代，此时整个肺成为一个白色的肉样组织器官，质地也像肉样。引起这种肺部肿瘤的原因还不清楚，有的认为，这是鹅得了禽白血病（一种病毒性肿瘤病，主要发生于鸡）的结果。

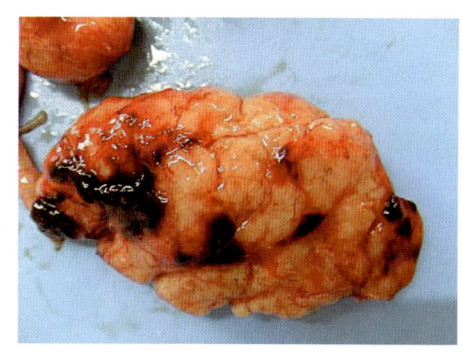

## 15. 肺发炎，并黏附着大量渗出的灰白或灰黄色纤维素或与胸壁黏连

一些患有大肠杆菌病、鹅的鸭疫里氏杆菌感染的病鹅，因肺脏发生纤维素性炎症，大量白色或灰黄色纤维素渗出，并黏附在肺的表面和胸腔中，病程较长的发生胸肺粘连，病程更长的纤维素可发生结缔组织化。

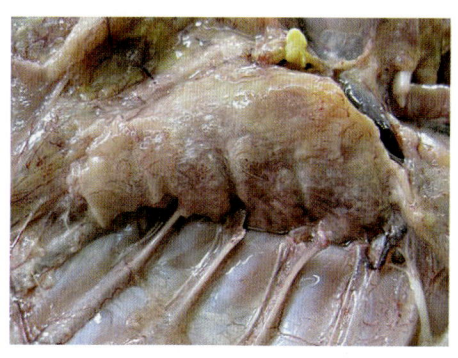

## 16. 整个肺变成一个紫色的血块

这是一种大出血的表现。常因饲养密度过高、受冷、突然停电、外来动物（如狗、猫等）突然闯入产生惊吓等导致鹅群扎堆，从而使下部鹅受到挤压受伤引起，或者是受到重物撞击、粗暴抓鹅等物理性致伤，致使肺部严重出血，使整个肺变成一个紫色的血凝块。

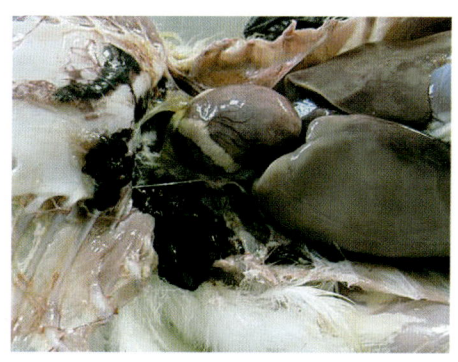

## 17. 肺发炎肿胀、出血或（和）水肿

许多疾病发生后，病鹅的肺会出现各种炎症病变，表现为肿胀、充血、出血或同时有水肿，因疾病和病程不同，这些病变严重程度也不一样，所以病肺肿胀程度、色泽及炎性渗出物性状和数量各不相同，有的病例肿胀的肺呈红色或紫红色，有的带有泡沫，有的有大量渗出导致胸腔积液，

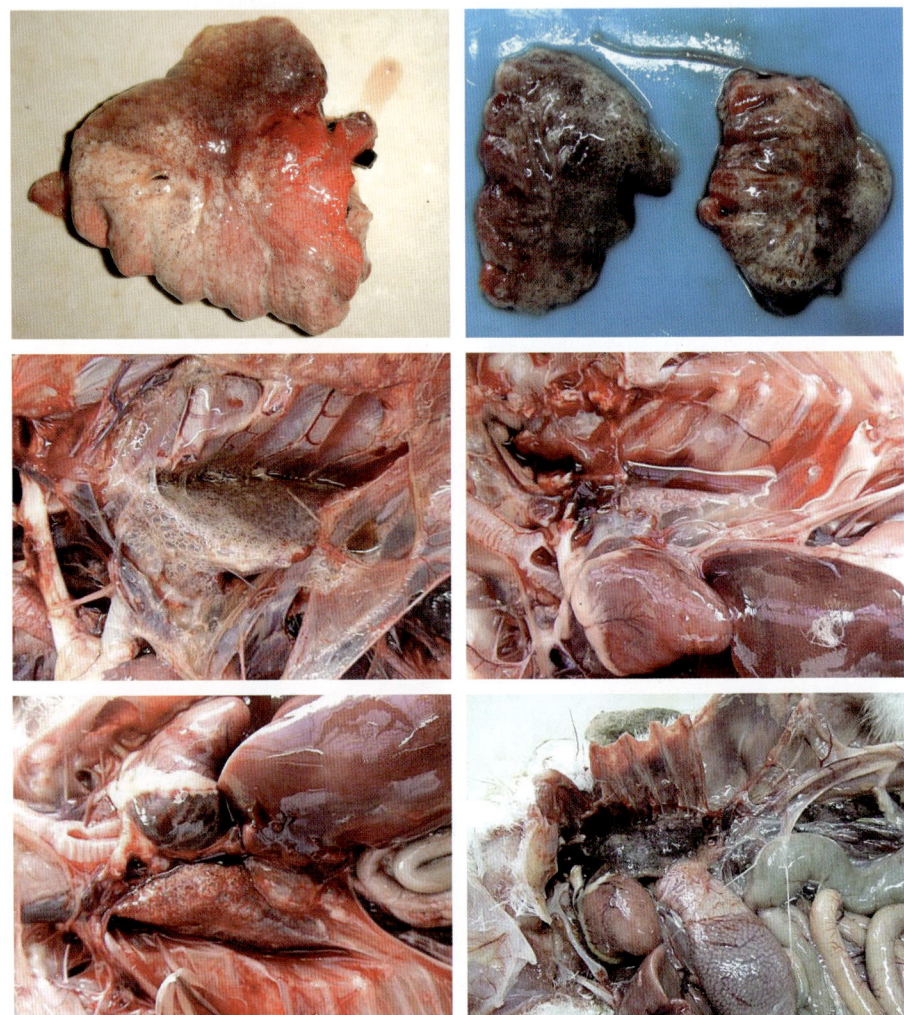

出血严重的胸腔中有血水等。常有各种肺炎病变的疾病为大肠杆菌病、水禽传染性窦炎、禽出败、禽流感、禽曲霉菌病发病初期、中暑等，禽呼肠孤病毒感染病例可引起出血性肺炎，食盐、有机磷、氨气或甲醛中毒可引起肺水肿。所以在诊断疾病时，应细致检查其他异常表现。

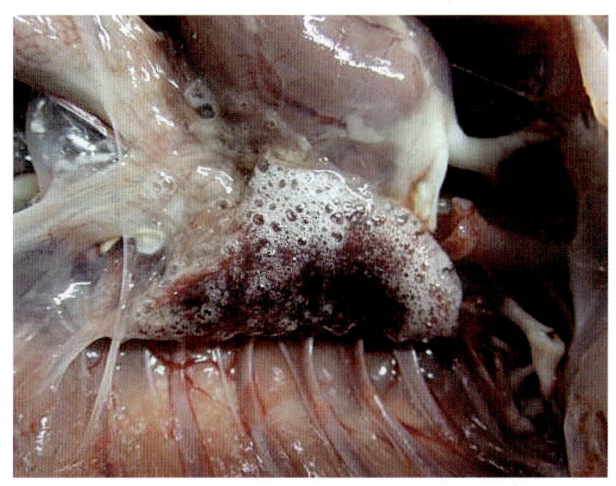

## （六）心血管系统异常及其相应的疾病

### 1. 心包积液

心包中积聚大量淡黄色、清朗的液体，是心包发炎初期的一种病变，也可能是血液循环或代谢障碍引起的结果。在禽出败、食盐中毒、黄曲霉毒素中毒、喹乙醇中毒及鹅新城疫的一些病鹅中常有这种病变。发生小鹅瘟、禽流感时，一些病程较长的病鹅也可出现这种病变。

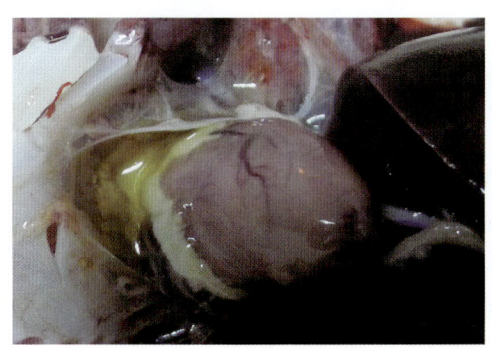
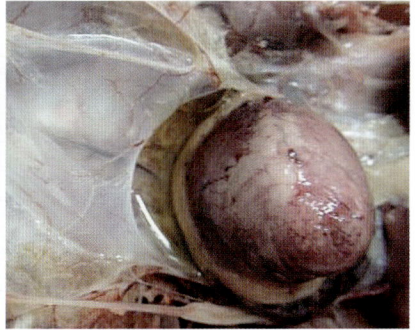

## 2. 心包发炎、增厚，附着不同形状的纤维素性渗出物

这是纤维素性心包炎的变化，表现为心包发炎，心包增厚粗糙，心包膜上黏附有絮状、片状或条块状的黄白色纤维素膜，心包可能有积液，有的心包与心脏发生粘连。同时，肝脏往往出现肝周炎病变。这种病变常见于败血型大肠杆菌病、鹅的鸭疫里氏杆菌感染和衣原体病的病鹅，有资料称也见于小鹅瘟。

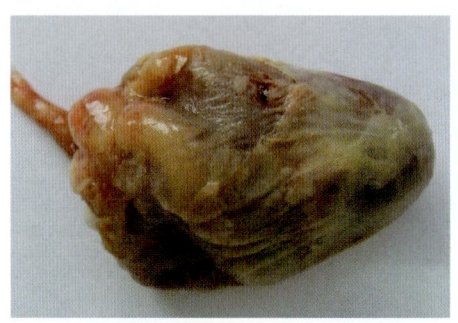
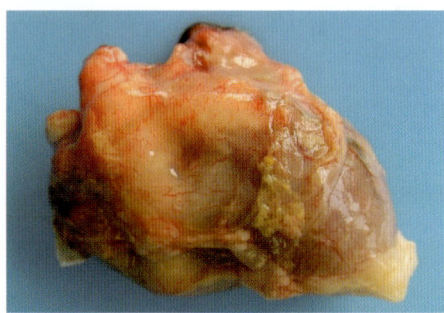

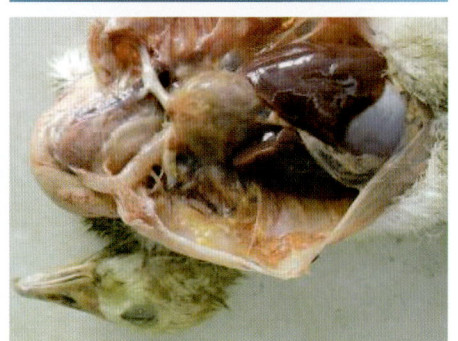

## 3. 心包上附着一层石灰样物质（尿酸盐）

发生痛风时，大量白色的尿酸盐可沉积在胸腔、腹腔中的心包、肝脏等内脏和气囊的表面，像一层石灰不均匀地撒在气囊和各脏器的

表面，严重的地方为一层厚厚的白膜，稍轻的像稀稀地撒了一层白粉。引起痛风的原因有多种，如维生素 A 严重缺乏、鹅出血性肾炎肠炎、过多饲喂含蛋白质的饲料或高钙饲料、不合理使用磺胺类药物和氨基糖苷类抗生素等。

### 4. 心肌无光泽、苍白

发生小鹅瘟时，一些病程短的急性病鹅常有心脏病变，表现为心肌特别是心尖周围的心肌发生褪色，变得苍白、无光泽。

### 5. 心脏上有不同性状的紫红色出血病灶

许多疾病常有心脏出血病变，由于疾病和病程不同，出血程度和性状也不同，表现形式多样。出血有轻有重，出血灶有大有小、形状各异、数量不定。有的紫红色或紫黑色的出血斑点布满了整个心脏，有的在局

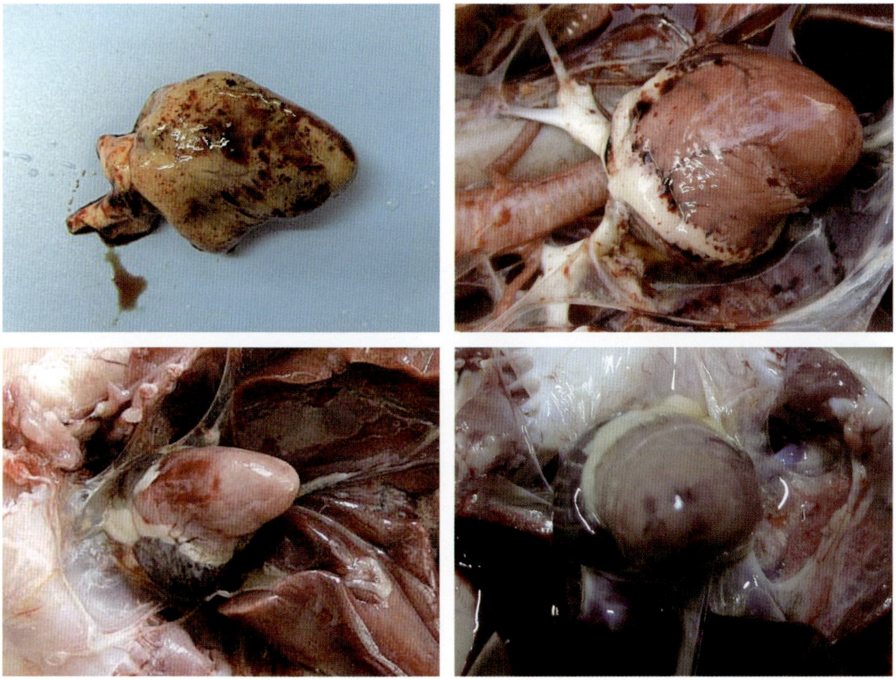

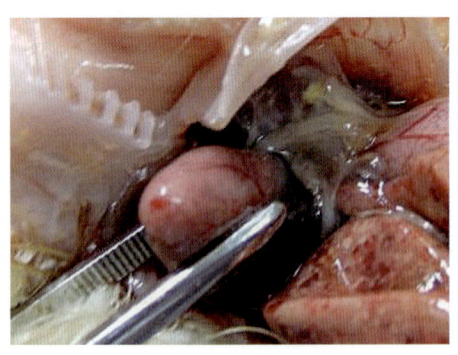

部，有的在冠状沟，有的在心尖。急性禽巴氏杆菌病发病死亡的鹅，心脏常严重出血；禽流感、禽呼肠孤病毒感染、鹅新城疫、葡萄球菌病、磺胺类药物中毒、痢菌净中毒、喹乙醇中毒、呋喃类药物中毒、食盐中毒、中暑等病也常有此病变；也见于大肠杆菌病、鹅的圆环病毒感染。因此，在诊断疾病时应细致检查其他异常变化。

### 6. 心脏上同时有紫红色出血灶和灰白色坏死灶

在一些禽流感的病例中，心肌坏死与出血同时发生，坏死部分心肌呈条纹状或斑点状、灰白色，似煮过的肉，出血部分呈紫红色，心脏外表出现红白相间的变化。

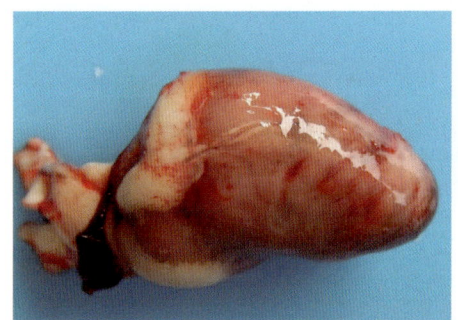
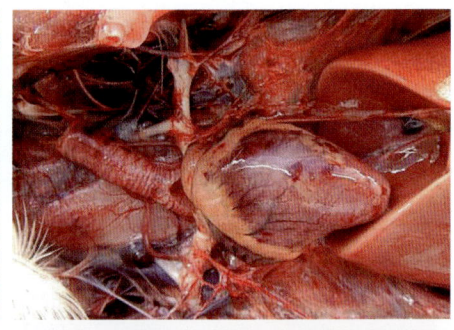
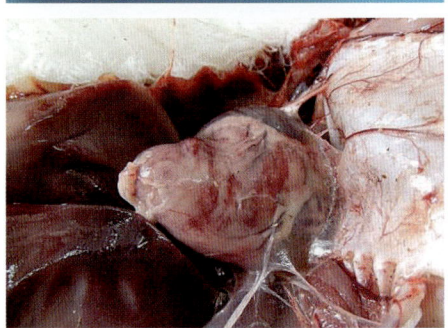
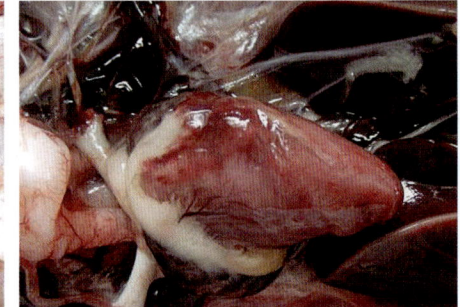

## 7. 心脏上有灰白色条纹状坏死灶

这是禽流感的一个特征性病变。剖检一些病例时，心脏上发生坏死部分的心肌常呈条索状或漆涮状，色泽灰白、混浊，似煮过的肉一样；有的呈典型的虎斑心。

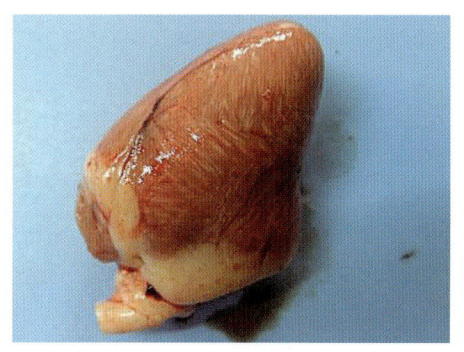
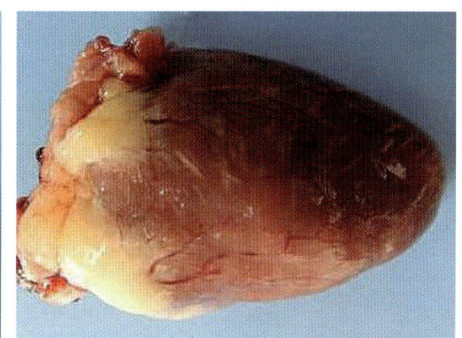

## 8. 心脏上有白色肿瘤结节

长在心脏上的肿瘤结节，数量不定、大小不一，凸起的肿瘤似一个个白色的小丘分布在心脏上，切开结节为肉样组织结构。这是一种肿瘤性疾病，其原因比较复杂，目前还不完全明确，有的认为长期采食含黄曲霉毒素的饲料可引起肿瘤病变。

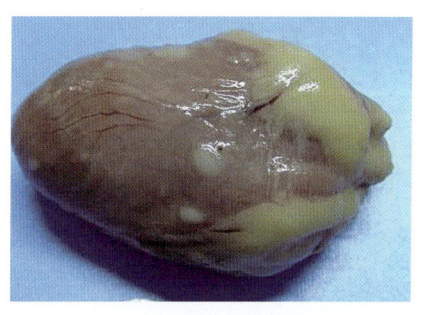

## 9. 心室扩张（肥大）、心室壁变薄

发生呋喃类药物（痢特灵）中毒、食盐中毒等病时，病鹅的心脏功能受到严重影响，表现为心脏的心室显著扩张，左心室或（和）右心室壁变薄，使心功能衰竭，引起腹水等变化。剖检时，心室部位的心肌柔软、心室壁薄塌陷、心室腔变大。发生维生素 $B_1$ 缺乏

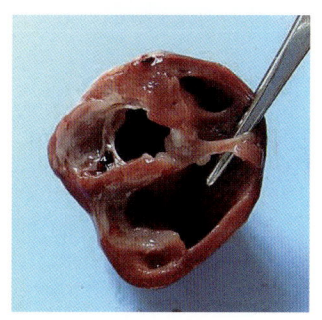

症时，心肌萎缩、右心室扩张松弛。

## （七）泌尿系统异常及其相应的疾病

### 1. 肾脏严重出血呈紫黑色

发生住白细胞原虫病或喹乙醇中毒严重的鹅，常因肾脏严重出血，整个肾呈紫黑色，有的腹腔中可能见到有多量渗出的血水。

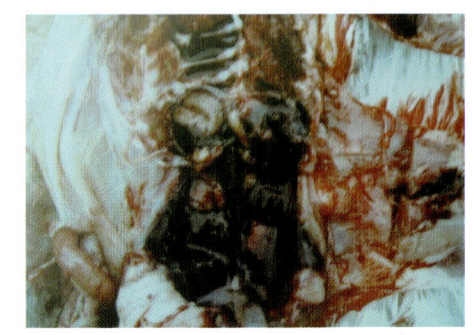

[选自陈国宏、王永坤主编的《科学养鹅与疾病防治》(第二版)，中国农业出版社，2011年]

### 2. 肾脏肿胀、充血、出血

许多疾病发生后，病鹅的肾脏出现肿胀、充血、出血的变化，可见

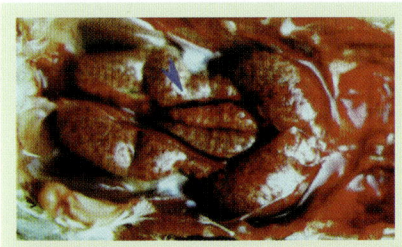

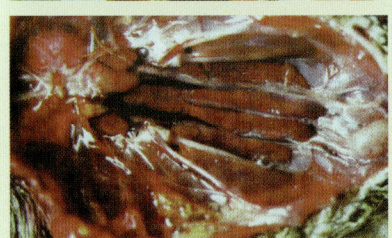

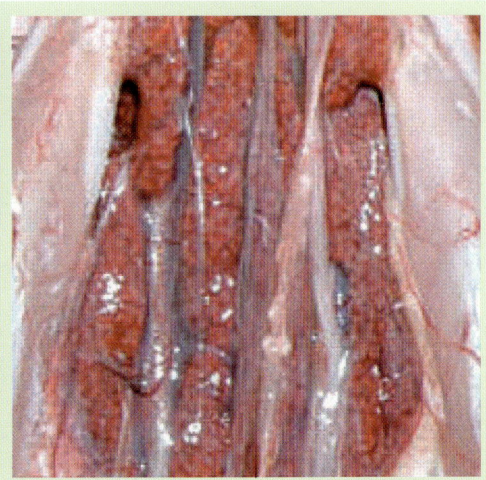

[选自陈国宏、王永坤主编的《科学养鹅与疾病防治》(第二版)，中国农业出版社，2011年]

肾脏肿大、肾小叶间隙变宽、色泽变深或有深紫色斑点；肿胀严重的肾，其各肾小叶肿得像一颗颗鹅卵石。这种病变可见于禽流感、鹅出血性肾炎肠炎、禽呼肠孤病毒感染引起的雏鹅出血性坏死性肝炎、呋喃类药物中毒、痢菌净中毒、喹乙醇中毒或黄曲霉毒素中毒等。

### 3. 肾脏肿大、变色，并有灰白色病灶或紫色出血斑

当截形艾美耳球虫寄生于肾小管引起幼年鹅发生肾球虫病时，肾脏会出现严重病变，表现肾脏肿大，呈浅灰黄色或灰红色，并有点状或条纹状的灰白色病灶或紫色出血斑，白色病灶内含尿酸盐沉积物和虫卵。

### 4. 肾脏肿胀、出血和变性甚至坏死，呈花斑状

一些疾病发生后，鹅的肾脏会出现明显的病变，主要表现为肿胀、肾小叶间隙变宽、有出血斑点、变性甚至坏死，使肾脏呈现红白相间的花斑肾；肿胀严重时，各肾小叶肿得像一颗颗鹅卵石或成圆柱状。这种病变主要见于禽呼肠孤病毒感染、呋喃类药物（痢特灵）急性中毒等疾病。

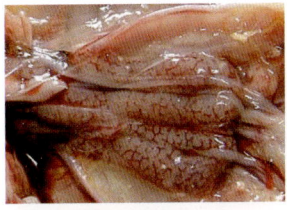
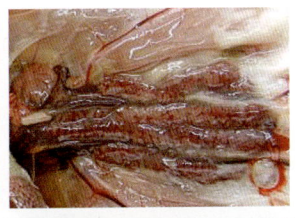
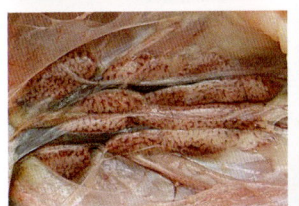
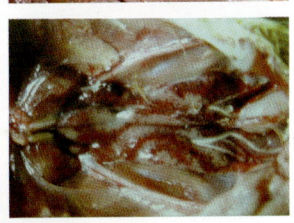
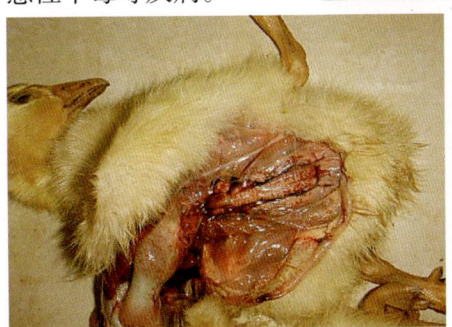
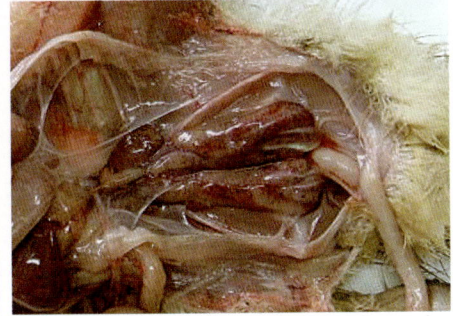

### 5. 肾脏上有血管瘤和其他肿瘤样变

这是一种肿瘤性疾病。血管瘤呈紫色，形态各异、大小不等、数量不定，有的病例中长有血管瘤的肾脏上同时有肉样肿瘤结节，使肿胀的肾脏同时出现紫色和灰白色的病变区；血管瘤可同时在肝脏等器官出现（如图）。引发肿瘤的原因可能较复杂，有的认为是鹅得了禽白血病（一种病毒性肿瘤病，自然感染主要发生于鸡）的结果，长期采食含有黄曲霉毒素的发霉饲料也可能会引起这种肿瘤病变。

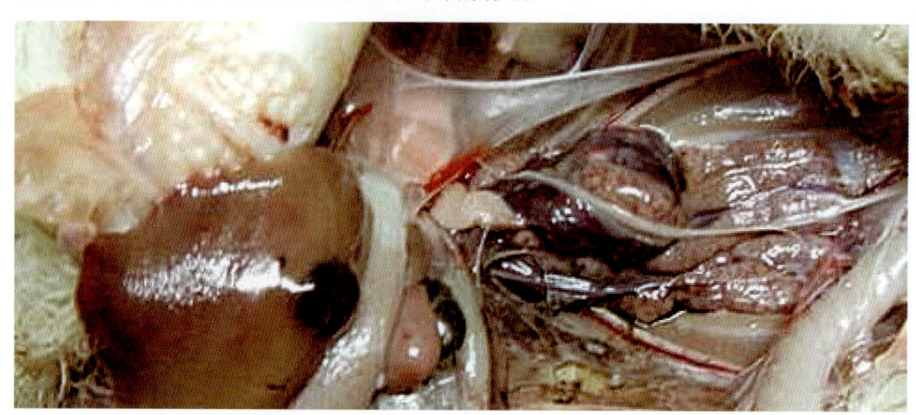

### 6. 肾脏肿大，并呈石灰色或红白相间的花斑状（尿酸盐沉积）

此病变是因白色的尿酸盐在肾脏组织中发生沉积而引起，表现肾脏

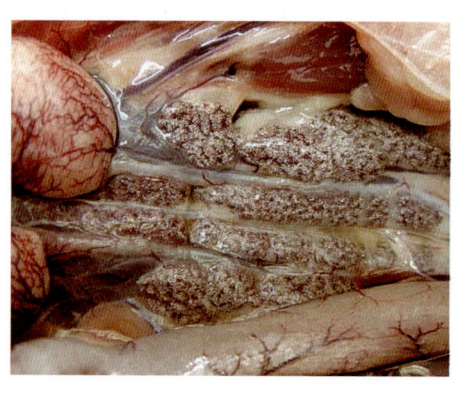

肿大，变得苍白，与肾组织原有的色泽相间，使整个肾变成一个花斑状的器官，有的肾表面似有一层石灰。这是由各种因素引起的内脏型痛风的特征病变，如维生素 A 严重缺乏症、鹅出血性肾炎肠炎、长期饲喂高蛋白饲料或高钙饲料、不合理使用磺胺类药物和氨基糖甙类抗生素等。

### 7. 输尿管肿大，内有白色物积聚

这种病变常常是由于输尿管中积满了白色的尿酸盐而引起，这是痛风的一个表现。引起痛风的原因有多种，如维生素 A 严重缺乏、长期饲喂高蛋白饲料或高钙饲料、鹅出血性肾炎肠炎、磺胺类药物中毒等；发生这些疾病时，发病鹅肾脏也往往有白色尿酸盐沉积呈花斑状。鹅发生鸡白痢时，输尿管也可有此病变。

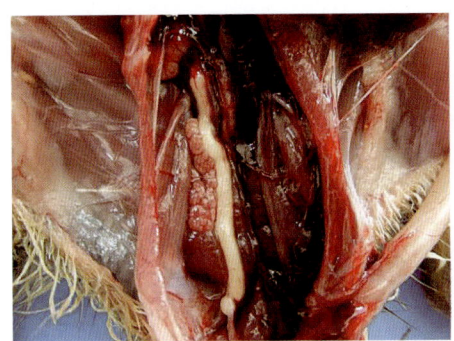
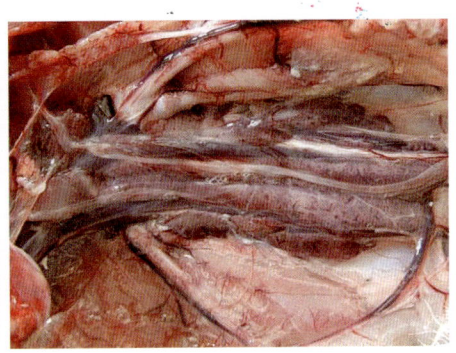

## （八）生殖系统异常及其相应的疾病

### 1. 种蛋孵化率低

引起种蛋孵化率显著低于正常水平的原因较多，除了孵化技术和操作问题外，常见的因素有种蛋授精率低、受到某些细菌（如大肠杆菌、禽沙门氏菌等）污染，种鹅发生某些维生素（如维生素 A、维生素 B 类）缺乏、痛风、鹦鹉热、过度使用抗菌类药物等。

### 2. 产蛋率下降或停止

产蛋减少是许多疾病都具有的症状，引起鹅产蛋下降的因素很多，有传染性的、营养性的、中毒性的和应激性的等多种疾病，所以在诊断疾病时应详细检查其他异常表现。但不同的疾病导致鹅产蛋减少的幅度有差异，如发生禽流感时，产蛋率下降非常显著，产蛋率可从正常的 90% 以上突然下降到 10% 不到，甚至停止产蛋；接种疫苗、饲料突变、

高温、天敌突然闯入、炸雷、受灾等因素产生应激反应时,也可导致产蛋率显著下降或停止。

### 3. 产软壳蛋或无壳蛋

软壳蛋或无壳蛋往往是因蛋壳中钙沉积不足的结果。这种现象常是维生素D或钙和磷缺乏、比例失调和吸收不良所造成,卵巢、输卵管等部位感染大肠杆菌或发生前殖吸虫病(主要几种吸虫病之一)时也会影响蛋壳的正常形成过程而产生这种症状。

### 4. 产砂壳蛋

正常的鹅蛋平整较光滑。如果产蛋鹅群中有一定比例的鹅产出蛋壳表面粗糙,像砂皮纸样或有粗颗粒状蛋时,可能是鹅群发生了疾病,如禽流感、禽沙门氏菌病、大肠杆菌病等,或者是饲料含钙过多、大量使用某些药物等因素引起。但正常母鹅产蛋后期也可能会产下一定比例的砂壳蛋。

### 5. 产畸形蛋

如果产蛋鹅群中,有一定比例的蛋鹅产出的蛋有大有小、形状怪异、色泽不一、蛋壳厚薄不等时,表明鹅群有疾病存在,如禽流感、鹅新城疫、禽沙门氏菌病、大肠杆菌病等发生时,大多会出现这种蛋的变化。发生前殖吸虫病(主要几种吸虫病之一)时,可产出无卵黄蛋、无蛋清蛋等。

## 6. 蛋清内有寄生虫（前殖吸虫）

这是一种少见的现象。有些鹅感染前殖吸虫（主要几种吸虫病病原之一）后可以耐过并产生一定的免疫力，感染再发生时虫体不侵害输卵管而随蛋白质进入蛋内寄生，可在蛋产出后在蛋清内见到长有数毫米不等、宽也有1毫米以上呈芝麻形或梨形的虫体。

## 7. 公鹅阴茎发炎、充血、肿大、脱出、坏死

健康的公鹅，肛门部位干净平整、闭锁，如果有发红（暗红）的或褐色坏死异常组织脱出时，可能是公鹅的阴茎因感染发炎、肿大而发生脱出，严重的脱出的阴茎不仅充血肿胀，而且会化脓糜烂和结痂。这往往是大肠杆菌或葡萄球菌感染所产生的结果。

[选自陈国宏、王永坤主编的《科学养鹅与疾病防治》(第二版)，中国农业出版社，2011年]

## 8. 卵巢发炎变性、出血甚至卵泡破裂

卵巢发生这种病变时，卵巢上卵泡出现各种变化，形态各异，整个卵巢形状结构发生改变，有的结构变得模糊；大多数卵泡可见有数量不一、呈斑点或连片的紫红色、甚至是紫黑色的出血病灶，有的一个卵泡就像一颗紫葡萄；当卵巢上所有卵泡发育停止或萎缩时，一个卵巢就像一串紫葡萄。卵巢的这种病变，在禽流感、鹅新城疫、鹅的鸭瘟病毒感染、大肠杆菌病、禽沙门氏菌病等病例中常常可见。发生禽巴氏杆菌病时，卵巢也

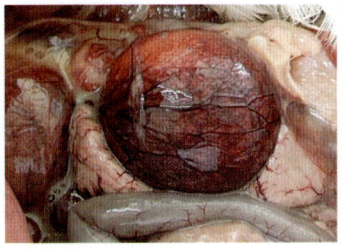 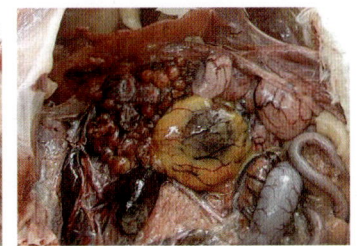

可见明显出血，有时在卵巢周围有一种坚实、黄色的干酪样物质。黄曲霉毒素中毒的病鹅，卵巢变性，卵子发育受阻、大小基本一致。

### 9. 卵巢发炎变性、出血、卵泡破裂甚至发生卵黄性腹膜炎

当卵巢发生变性、出血等病变时，往往同时发生卵子破裂，卵黄流入腹腔，严重的引起腹膜炎。此时，可见到卵巢结构和性状出现异常，有紫红色的出血斑，有的卵泡似一颗紫葡萄，有的卵子破裂，腹腔中有流淌的卵黄，甚至引发腹膜炎，此时腹腔中有炎性渗出物，积液增多且混浊或有絮状、块状呈黄白色的纤维素，甚至引起腹膜粘连。这种病变

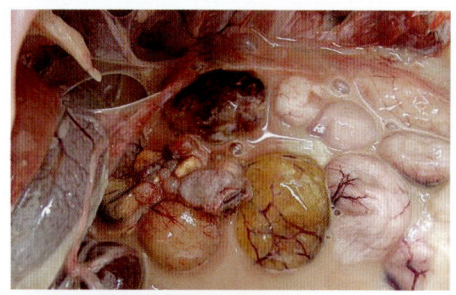
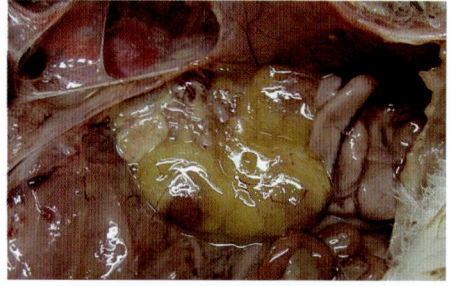
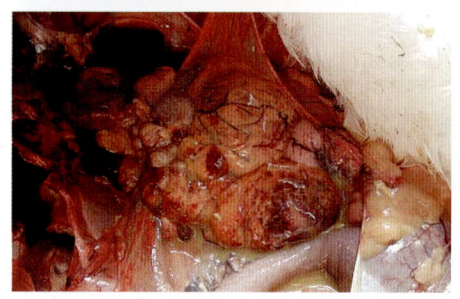

常在禽流感、鹅新城疫、鹅的鸭瘟病毒感染、大肠杆菌病、禽沙门氏菌病、前殖吸虫病（主要几种吸虫病之一）等病例中见到。当产蛋鹅受到长途运输等应激后，卵巢也会发生变性、退化，甚至卵子破裂引起腹膜炎。

### 10. 卵泡萎缩、严重出血，呈紫葡萄状

母鹅发生喹乙醇中毒时，卵

［选自陈国宏、王永坤主编的《科学养鹅与疾病防治》（第二版），中国农业出版社，2011年］

巢常常出现严重变性，失去原有正常的组织结构和色泽，而且几乎所有卵泡发育停止，体积大小基本接近，没有像正常发育那样差异明显，整个卵巢体积变得非常小；有的卵泡且发生出血呈紫红色，严重的整个卵巢出血，此时，整个卵巢就像一串紫葡萄。

### 11. 卵巢上长有肿瘤

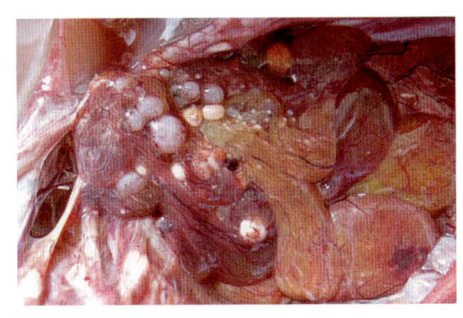

这是一种肿瘤性疾病。卵巢肿瘤有多种性状，有的在卵巢上出现似葡萄状的乳白色结节，有的是一个个透明的囊肿；有的卵巢布满了肿瘤结节，外观呈菜花状。引起卵巢肿瘤的原因并不清楚，有可能是长期采食了含有黄曲霉毒素的发霉饲料所致，也有的认为是得了禽白血病（一种病毒性肿瘤病，自然感染主要发生于鸡）的结果。

### 12. 输卵管（子宫）发炎，内积有干酪样渗出物

患有禽流感、大肠杆菌病或鹅的鸭疫里氏杆菌感染等一些病鹅中，常出现输卵管（子宫）炎症的病变，表现输卵管肿胀膨大，黏膜发炎渗出、充血、出血，有的黏膜出现水肿，有的管内积有黄白色的干酪样渗出物，有的渗出物发生腐败而变得恶臭。

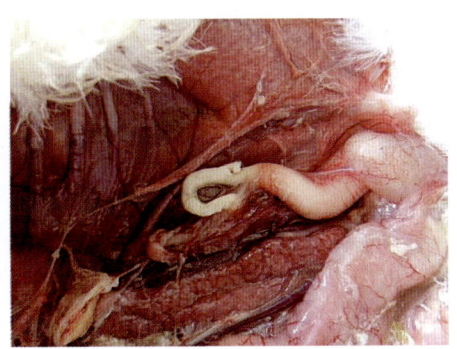
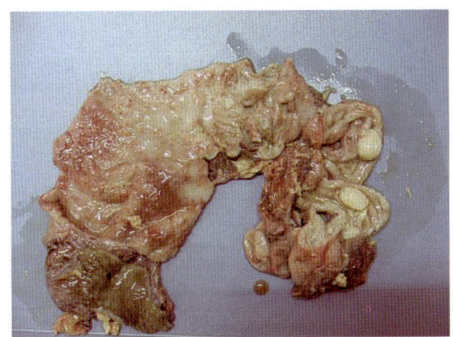

### 13. 输卵管发炎，内有寄生虫

当鹅因感染发生了前殖吸虫病（主要几种吸虫病之一）时，该吸虫可在输卵管内寄生，引起输卵管黏膜发炎充血、增厚，并在黏膜上可找到长有数毫米不等、宽1毫米以上、呈芝麻形或梨形的虫体。

## （九）免疫系统（胸腺、脾脏、法氏囊）异常及其相应的疾病

### 1. 胸腺出血、肿大

患有禽流感的病鹅，有的发生胸腺出血肿大的现象，表现为胸腺体积明显增大呈椭圆形或圆柱状，上面有紫红色的出血斑点，严重的整个呈紫红色。有报道称，感染圆环病毒的一些病鹅也可有此病变。

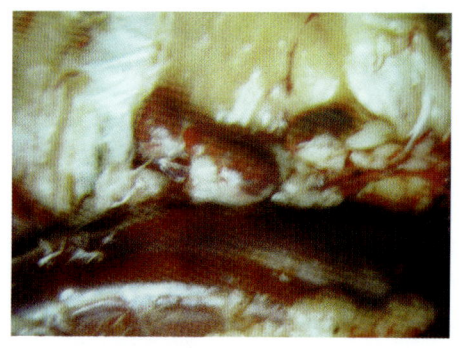

［选自陈国宏、王永坤主编的《科学养鹅与疾病防治》(第二版)，中国农业出版社，2011年］

### 2. 胸腺萎缩

发生鹅新城疫、禽流感或黄曲霉毒素中毒的病鹅，大多数病例的胸腺出现萎缩现象，胸腺体积比正常的明显缩小，严重时紧密相连排列的胸腺呈断链状。但正常情况下，当鹅长到3～4个月（性成熟）后胸腺开始萎缩，应注意辨别。

### 3. 脾脏肿大，并有灰白色坏死斑点

有些疾病常导致鹅的脾脏肿胀和坏死，使脾脏体积增大、包膜紧张，切开脾脏切面外翻，脾脏上弥散着大量呈灰白色、凝固性的坏死斑或坏死点。这种病变在鹅新城疫、禽呼肠孤病毒感染引起的雏鹅出血性坏

性肝炎、急性禽巴氏杆菌病、禽沙门氏菌病、败血型葡萄球菌病、衣原体病等病例中常常见到。

### 4. 脾脏肿大，并有紫红色出血斑点和灰白色坏死点

发生禽流感的一些病鹅，脾脏可出现肿大、出血、坏死的病变，表现为脾脏体积增大，上面并有数量不定的紫红色出血斑点和灰白色坏死点，使脾脏表面出现紫红色出血斑点中混杂着白色坏死点的现象。

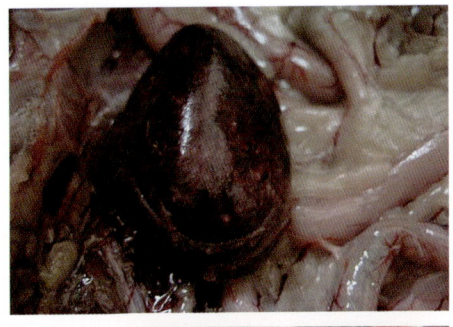
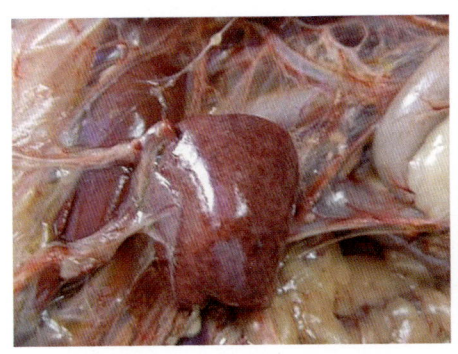
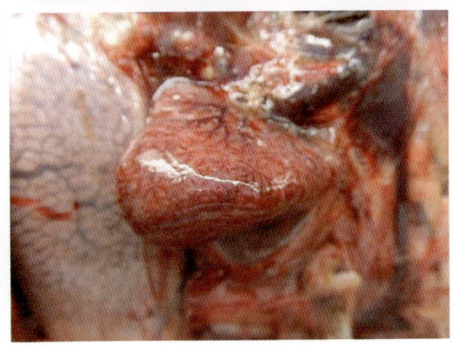

### 5. 脾脏肿大，并有灰白色坏死斑或（和）紫红色出血灶

在禽呼肠孤病毒感染引起的雏鹅脾坏死症的病例中，脾脏可出现特

征性的病变，即脾脏发生肿胀坏死，上面的灰白色坏死灶呈斑块状，或（和）有紫红色的出血斑点，数量不定、大小不等。

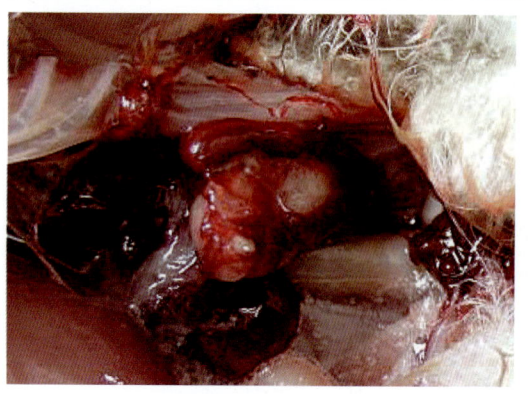
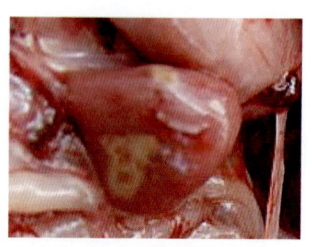

## 6. 脾脏严重充血、出血、肿大，呈紫黑色

在禽呼肠孤病毒感染引起的雏鹅出血性坏死性肝炎、坏死性肠炎等一些病例中，脾脏发生严重的充血与出血病变，体积明显增大，脾脏包膜紧张，外观整个脾脏呈紫黑色。

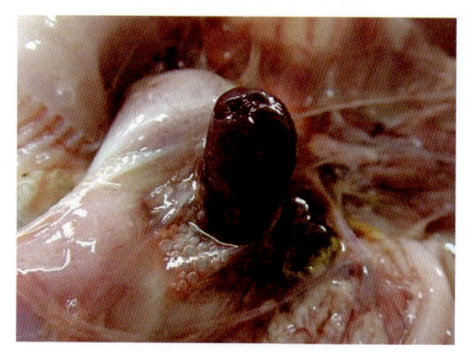

## 7. 脾脏严重肿大或同时有出血

有资料报道，发生喹乙醇中毒的病鹅，其脾脏出现肿胀或同时有出血的变化，表现为脾脏体积增大、包膜紧张、切面外翻，同时可有紫红色的出血灶。

[选自陈国宏、王永坤主编的《科学养鹅与疾病防治》（第二版），中国农业出版社，2011年]

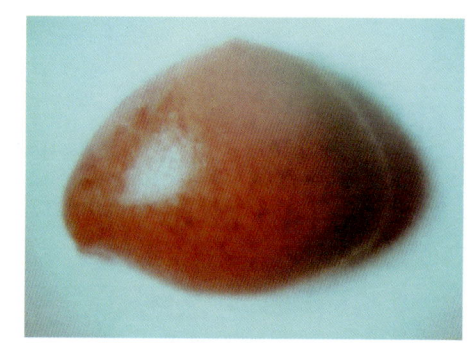

## 8. 脾脏上长有白色肿瘤结节或弥散性肿瘤样变性

这是一种肿瘤性疾病。脾脏上的白色肿瘤结节，可长在脾脏表面使脾脏凹凸不平，也有分散

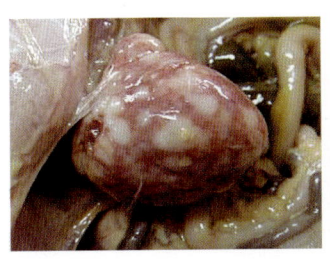
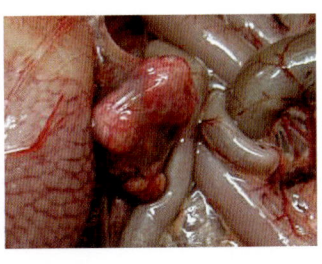

于脾脏实质中使脾脏呈斑驳状，整个脾脏质地变得坚实，切开这些结节为肉样组织结构。发生弥散性肿瘤样变性时，整个脾脏肿胀、包膜紧张、质地变硬，切开可见有肉样组织结构。肿瘤可同时出现在其他组织器官上。引起脾脏肿瘤病变的原因比较复杂，有的认为是鹅得了禽白血病（一种病毒性肿瘤病，自然感染主要发生于鸡），或者是长期采食含黄曲霉毒素饲料的结果。

## 9. 法氏囊萎缩

鹅超过3月龄（性成熟）后，法氏囊开始萎缩，并最终消失，这是正常的生长发育表现。但在此前出现萎缩，那可能是鹅得了疾病。发生鹅新城疫或黄曲霉毒素中毒的病鹅，大多数病例的法氏囊出现萎缩病变，体积比正常的明显缩小。

## 10. 法氏囊出血、肿大

在有些病例中，如禽流感或由禽呼肠孤病毒感染引起的雏鹅出血性坏死性肝炎的一些病鹅，法氏囊发生出血和肿大的病变，体积比正常的大，上面有大小不等的紫红色出血斑点，出血严重的整个法氏囊就像一颗黑枣或紫葡萄；有的认为这是发生了传染

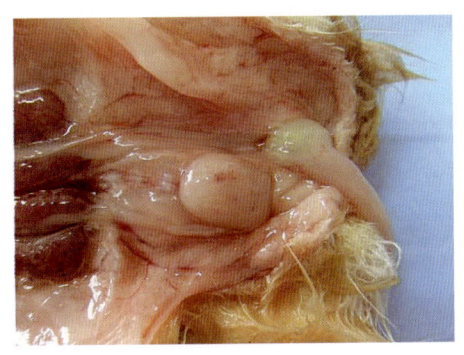

性法氏囊病（目前自然感染发病主要见于鸡）的结果；有报道称，圆环病毒感染的一些病鹅也可有此病变。

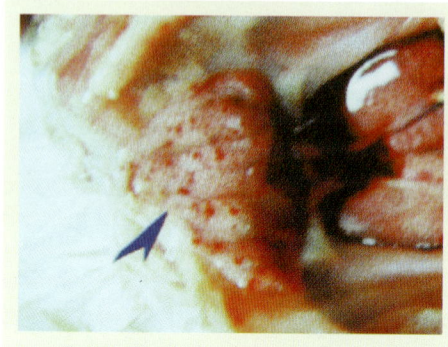
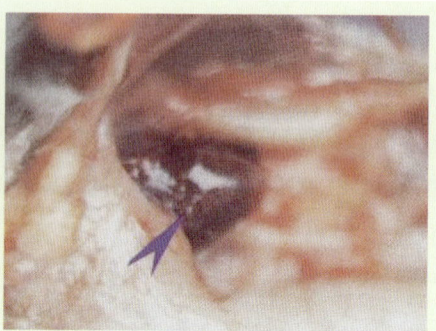

［选自陈国宏、王永坤主编的《科学养鹅与疾病防治》（第二版），中国农业出版社，2011年］

### 11. 法氏囊充血呈深红色，表面有针尖状灰白色坏死点

感染鸭瘟病毒的病鹅，法氏囊可出现充血和坏死变化，呈深红色，表面有数量不定的灰白色针尖状坏死点；切开法氏囊，囊腔内充满白色凝固性渗出物。

## （十）其他异常表现和发病（流行）特点及其相应的疾病

### 1. 生长缓慢（不良）甚至停止生长

这是发生蛋白质、氨基酸或多种维生素和矿物质等缺乏时都可能出现的现象，当发生各种慢性传染病以及体内外寄生虫病时也会出现生长缓慢的结果。出现生长不良时，往往也表现出羽毛粗乱、精神不振的情况。因此，此异常表现在诊断疾病时意义不大。

### 2. 鹅胚或雏鹅孵出后不久大批死亡

这种现象常因鹅胚（多由种蛋受到污染造成）或出壳后雏鹅脐部感染

## 三、各种病（死）鹅异常表现及其相应的疾病

了沙门氏菌、大肠杆菌、葡萄球菌等病原菌而引起，导致鹅胚或雏鹅发病而死亡；1周龄内发生的小鹅瘟、雏鹅发生禽曲霉菌病、雏鹅运输不当、煤气中毒或育雏室温度极其异常时，也可引起大批死亡。

### 3. 发病死亡只见于雏鹅，成年鹅不见病症

这种发病情况主要见于小鹅瘟、鹅的鸭疫里氏杆菌感染、鹦鹉热。

### 4. 发病率和死亡率均高（80%以上）

一个未进行过相应疫苗免疫过的鹅群，如果雏鹅发生禽流感、1周龄内发生的小鹅瘟、有些小肠球虫病病例及其他一些群体性中毒病等，都可出现很高的发病率和死亡率。

### 5. 发病率高（50%以上）但死亡率较低（10%以下）或出现慢性死亡

出现这种发病情况的疾病，主要是一些水禽慢性呼吸道病和衣原体病、鹅群缺乏营养性物质、普通感冒等。

### 6. 突然倒地或同时两脚乱划后就死亡

发生小鹅瘟时，一些3～5日龄的病雏鹅常表现为超急性型，死亡前往往无可见临床症状，一旦发现已经是极度衰竭或倒地两脚乱划就死亡。这种突然死亡现象也见于最急性的禽霍乱、禽流感、呋喃西林（一种呋喃类药物）中毒、有机磷等农药急性中毒的一些疾病。

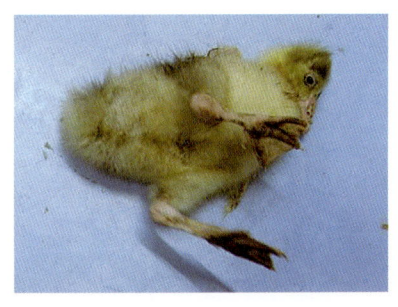

### 7. 鹅群中有大量鹅突然死亡

未发现任何明显异常情况，鹅群中有大量鹅突然死亡，这种现象可出现于受到老鹰、黄鼠狼、猛蛇等天敌的突然袭击；遇到炸雷或雷击、急性中毒病等情况时，也可能突然出现大量鹅死亡的情景。一旦这些原

因消除后，死亡减少或停止。

## 8. 腹腔积液（腹水）

有些疾病因腹膜发炎、心血管或肝脏功能障碍等导致腹腔积液。由肝脏功能障碍引起的，往往肝脏变硬，并在其表面常有一层白色纤维膜包裹。发生大肠杆菌病性腹膜炎、鹅的鸭疫里氏杆菌感染、食盐中毒、黄曲霉毒素中毒、呋喃类药物（痢特灵）中毒、鹅出血性肾炎肠炎等疾病时常有此病变。有资料称，雏鹅发生小鹅瘟时，一些病程较长的病鹅其腹腔可出现腹水病变，引起腹部膨大，导致小鹅站立和走路姿势像企鹅，剖开腹腔可见到大量淡黄色的液体。有些禽曲霉菌病病例也见有腹水。

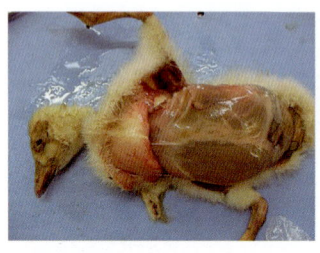
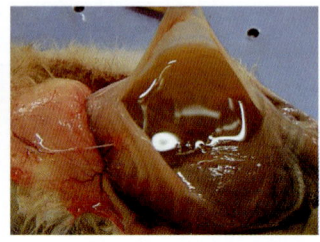

## 9. 死亡鹅腹腔内有大量的血凝块

这是体内大出血的表现。常见原因是饲养密度过高、受冷、突然停电、外来动物（如狗、猫等）突然闯入产生惊吓等导致鹅群扎堆，从而使下部鹅受到挤压受伤而引起，或者是受到重物撞击、粗暴抓鹅等物理性致伤的结果。

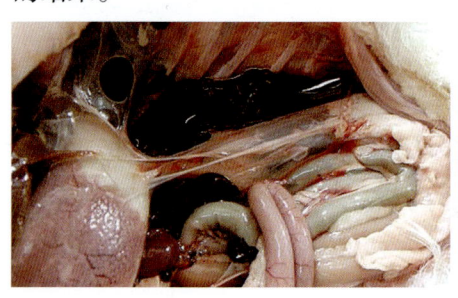
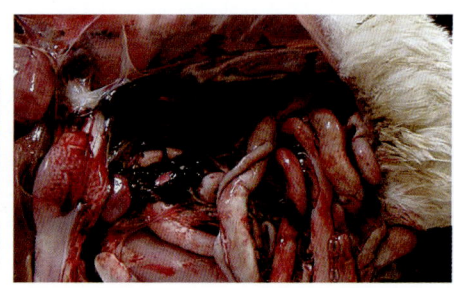

# 三 常见鹅病的诊断与防治

## （一）病毒病

### 1. 禽流感

禽流感（AI）是由 A 型流感病毒引起的多种禽类可发生的一种高度接触性传染病，危害大。A 型禽流感病毒的血清型众多，常见的有 H5、H7 和 H9 亚型等；H5、H7 等亚型病毒毒力较强，由此类亚型引起的禽流感被称为高致病性禽流感，人也可感染发病甚至死亡。病毒的抵抗力不强，在 65～70℃温度下数分钟即可被灭活，对紫外线也敏感，可被许多常用消毒药迅速杀灭，但在干燥、低温环境中病毒却能存活数月以上，存在于鼻腔分泌物和粪便中的病毒由于受到有机物保护也能存活较长时间。

**发病（流行）特点**

本病一年四季均可发生，但以冬春季为主要流行季节，尤其在每年11 月至次年 4～5 月期间更易发生，当天气骤然转冷或连绵阴雨时期，往往突然发病。各种品种和不同日龄的鹅都会感染，尤以 1～2 月龄的幼鹅最易感，发病最严重；病毒亚型不同或毒株不同，致病力也不同，有的亚型毒株引起的发病率和死亡率均可达 100%，有的主要引起呼吸道症状、死亡率较低，有的仅引起产蛋下降。一般认为通过密切接触传染，也可经蛋传播，亦可经候鸟、空气传播；病毒通过排泄物、分泌物排出体外，被病毒污染的水源、饲料、用具等是重要的传染途径。

**临床症状**

发病时鹅群中先有几只出现症状，1～2 天后波及全群；病程长短不一，雏鹅一般 2～4 天，青年鹅和成年鹅 4～9 天。有些急性病例，常突然死亡。

病仔鹅体温升高，精神沉郁，食欲减少甚至废绝，离群，羽毛松乱，呼吸困难，咳嗽，有的打喷嚏；头颈部明显肿胀；眼眶湿润，眼睑、结膜充血出血、甚至流出血样分泌物；下痢，排白色、灰黄色或青绿色粪便。育成期和成年鹅病情稍轻些，表现为精神不振、嗜睡、肿头、眼眶湿润、偶尔有的病鹅眼睑充血或高度水肿向外突出呈金鱼眼样子，病程长的可表现出单侧或双侧眼结膜、角膜混浊，并常带蓝灰色，不能康复而失明。产蛋鹅产蛋率急剧下降，砂壳蛋、畸形蛋增多。有些病鹅表现有勾头或甩头、摇头现象；有的突然向前冲或转圈，有的倒地滚动、两脚乱划动，有的共济失调；病程稍长的病例，往往出现明显的扭颈等神经症状。

有的病例，临床症状不明显，死亡也很少，产蛋鹅仅表现为产蛋率明显下降。

### 剖检病理变化

大多数病鹅皮肤毛孔充血、出血，脚蹼发紫，全身皮下、脂肪或胸腹膜出血，有的肌肉出血。头肿大的病鹅下颌部皮下水肿，呈淡黄色或淡绿色胶样浸润。眼结膜出血。鼻腔黏膜水肿、充血、出血，腔内充满血样黏液性分泌物，喉头黏膜有点状出血，气管黏膜可有出血。脑膜和脑组织充血、出血，有的脑组织出血坏死。胸腺肿大或萎缩、出血，有的法氏囊肿大、出血。心包积液，心肌有灰白色坏死灶并常呈条纹状、或（和）有出血斑。肝和肾肿大、淤血、出血，脾肿大并可有出血和坏死斑点。胰腺肿胀，有坏死斑点或同时有出血灶，呈花斑状。肺淤血、出血。腺胃黏膜脱落、出血，腺胃肌胃交界处及肌胃角质层下有出血点或出血斑。小肠道有戒指样环状或局灶性出血，有的呈环状结节状肿胀，黏膜有出血性溃疡病灶，有的肠黏膜弥漫性出血。泄殖腔出血。母鹅卵巢充血、出血、卵泡破裂，可引起卵黄性腹膜炎；有的发病母鹅卵巢中的卵泡萎缩、卵泡充血、出血或变性、变形，呈紫葡萄状；有的输卵管发炎。

### 诊断

根据发病特点、临床症状和病理变化可作出初步诊断，但本病的确诊必须进行病原检测和病毒分离鉴定。

按照《中华人民共和国动物防疫法》和农业部《高致病性禽流感防治技术规范》规定，任何单位和个人发现鹅有可疑高致病性禽流感时，应及时向当地动物卫生监督机构（疫病预防控制机构）报告，由政府组织诊断和处置。

### 主要防治方法

防治本病要坚持预防为主的方针，采取综合性防治措施的原则。①加强饲养管理，落实生物安全措施。饲养场所要符合动物防疫条件。饲养场实行全进全出、彻底清场（池水）和消毒的饲养方式，控制人员出入，严格执行清洁和消毒制度。②加强引种管理，从源头上控制本病的发生。③开展禽流感强制免疫，提高鹅群抵抗力。规模养鹅场（户）要按照禽流感免疫程序适时免疫，即蛋鹅、种鹅应在 14～21 日龄时进行首免，首免后 3～4 周进行第一次加强免疫，开产前 2 周进行第二次加强免疫，以后每隔 4～6 个月加强免疫一次；肉鹅 60 日龄内出栏的，在 7～10 日龄首免，超过 60 日龄出栏的，在 7～10 日龄首免后 2～3 周时加强免疫一次；疫苗使用剂量按照疫苗使用说明书规定。农村散养鹅要在春季、秋季各集中免疫一次，确保禽流感免疫密度达到 100%。要开展免疫抗体监测，掌握免疫效果。④定期进行禽流感疫情的监测，发现异常情况要及时报告。

一旦鹅发生高致病性禽流感，实行以紧急扑杀为主的综合性防控措施。县级以上畜牧兽医行政管理部门划定疫点、疫区、受威胁区，同级政府对疫区实行封锁，扑杀疫区内所有禽类，关闭疫区、受威胁区内禽类产品交易市场，无害化处理所有病死鹅、被扑杀鹅及其禽类产品、鹅排泄物以及可能污染的饲料等物品，对疫区和受威胁区内的所有易感禽类进行紧急免疫接种。经过 21 天以上的监测，未出现新的传染源，解除疫情封锁。

## 2. 小鹅瘟

小鹅瘟是由小鹅瘟病毒（GPV）又称鹅细小病毒感染引起的雏鹅急性或亚急性败血性传染病，以肠道炎症渗出、黏膜脱落、肠道内开成栓子为主要病理变化。该病病毒对环境、酸等有较强的抵抗力，但易被烧碱等碱性消毒药灭活。

### 发病（流行）特点

主要侵害出壳后 4～20 日龄的雏鹅和雏番鸭，传播快、发病率和致死率高，1 周龄内的死亡率可达 100%，随着雏鹅日龄的增长其发病率和致死率下降，并与种鹅群的免疫状态密切相关，20 日龄以上的鹅发病率低，1 月龄以上的则很少发生。病毒通过病鹅或带毒鹅粪便排出体外并污染环境，自然感染途径主要是消化道，带毒种蛋可垂直传播，被污染的孵坊及用具、饲料、场地、运输工具等都可使本病传播蔓延。本病的流行呈一定的周期性，在大流行的年份，患病雏鹅的死亡率高达 95% 以上。

### 临床症状

**最急性型：** 多为 3～5 日龄发病，常无前驱症状，一旦发现已经是极度衰弱，或突然倒地，两脚乱划，很快死亡。

**急性型：** 多发生于 1～2 周龄的雏鹅。表现站立不稳，行动迟缓，精神沉郁；食欲减少或废绝，或随群采食但随即甩掉所采得的饲料；严重腹泻，排灰白色或淡黄绿色稀粪，肛门周围粘有粪便和污物；张口呼吸，鼻孔流出浆液性分泌物，常呈泡沫状，鼻孔周围污秽不洁，常伴有摇头动作；眼睑肿胀、流泪；喙端发绀；死前两腿麻痹瘫痪或抽搐。

**亚急性型：** 多见于在疫病流行后期或是日龄较大的病鹅，症状同急性型但比较轻，以食欲缺乏和腹泻为主。病程较长，生长不良。

有资料称，雏鹅发生小鹅瘟时，一些病程较长的病鹅可引起腹水，导致腹部膨大，致使小鹅站立和走路姿势像企鹅，剖开腹腔可见到大量淡黄色的液体。

### 剖检病理变化

**最急性型：** 病变不明显，仅见小肠前段黏膜肿胀充血，覆盖有大量淡黄色黏液。

**急性型：** 多数病例在小肠的中、后段（空肠和回肠的回盲部），少数病例也有在盲肠，外观肠道变得极度膨大，呈淡灰白色，体积比正常肠段可增大 2～3 倍，形状如香肠，手触肠段质地很坚实。从膨大部分与不肿胀的肠段连接处可以明显地看到肠道被阻塞的现象。膨大的肠段有的病例只有一段，有的可分几段，每段长短不一。这些膨大部位的肠腔内充塞着灰白色或淡黄色的香肠状栓子，完全阻塞肠腔。其他器官也有不同程度的病变，如心包积液，心脏变圆，心肌松弛、苍白无光泽，胆囊鼓胀。日龄较大的幼鹅发生小鹅瘟时，急性发病初期，常可见到口腔黏膜和舌头表面有一层灰白色或灰黄色的纤维素假膜。

**亚急性型**：肠道栓子病变更加典型。

有腹水的病鹅可见到纤维素性肝周炎和心包炎病变。

### 诊断

根据流行病学、临床症状及病理变化可作出诊断，必要时可采集病鹅的肝、脾、胰等内脏组织送实验室分离鉴定病毒或采集血清开展特异性抗体检验进行确诊。

### 主要防治方法

预防本病的关键是落实生物安全措施，实施全进全出、彻底清栏消毒的管理制度，及时清除污物、加强环境卫生，种蛋和孵化器具要严格清洗消毒。同时，可采取免疫方法预防，对种鹅分别在产种蛋前2个月和1个半月进行免疫；如未经免疫的种鹅群，雏鹅在出壳后24小时内应用弱毒疫苗进行免疫。对发病鹅无治疗方法，对未免疫过的发病同群鹅可采取紧急免疫措施，也可使用国家批准的高免抗体制剂。

## 3. 鹅新城疫（鹅副黏病毒病）

本病过去多被称为鹅副黏病毒病，但引起本病与引起鸡新城疫的病原是同一种禽副黏病毒，称为新城疫病毒（NDV），因病毒分类上没有鹅副黏病毒一类，故目前认为称鹅新城疫较为科学。鹅的这种疫病是一种以拉灰白色稀便、肠道黏膜溃疡或结痂为特征的急性传染病。该病毒对日光、化学消毒剂的抵抗力不强，夏天直射阳光30分钟、60℃30分钟和常用消毒药都可使其灭活。

### 发病（流行）特点

本病一年四季均可发生，但以春秋季多发。不同品种鹅均可感染发病，鹅和鸡可同时感染发病。各种日龄鹅均易感染，其中以 30～60 日龄鹅感染多见，约占 55%，小于 15 日龄的鹅常无明显的病变。雏鹅发病多与孵化室、育雏室未严格消毒有关。发病率一般在 10%～60%，平均为 20% 左右；死亡率平均为 10% 左右。发病率和死亡率与日龄、饲养环境、鹅群大小密切相关。日龄小、饲养环境差、鹅群大发病情况较严重，反之则相对较轻。本病易与大肠杆菌病、禽霍乱等并发或继发。

### 临床症状

主要表现为精神委顿，无力，常蹲地，不食或少食，饮水增加；拉灰白色稀便，后期拉水样血便或绿色稀便等；有的咳嗽、甩头、流泪；少数鹅后期有扭颈、转圈等神经症状。产蛋鹅感染发病，症状可能不典型，主要表现为产蛋下降，产畸形蛋等。

### 剖检病理变化

食道黏膜有散在的白色或带黄色的坏死灶，有的食道末端皱襞间有灰白色或淡黄色结痂，易剥离，剥离后可见出血斑点或溃疡；腺胃黏膜出血，肌胃角质层下可有大小不一出血斑点；小肠道浆膜上有紫红色出血斑点，黏膜上有数量不定、大小不等的出血性坏死灶或弥漫性出血；或小肠道外观呈环状或结节状肿胀或出血，肠黏膜有环状或局灶性肿胀和出血病灶；或肠道特别是大肠黏膜有散在淡黄色或灰白色豌豆至黄豆大的糠麸样痂块，较难剥离，剥离后呈出血或溃疡面。脾脏肿胀，有多量灰白色坏死点；胰腺肿胀、有坏死点偶见并有出血点；心脏出血，有的心包积液；脑充血、出血。大多数病鹅的法氏囊和胸腺萎缩。

发病母鹅卵巢变性、出血，卵子可破裂，甚至引起卵黄性腹膜炎。

### 诊断

根据发病特点、临床症状和病理变化可作出初步诊断，确诊应进行病毒分离。取病死鹅肝、脾、脑等病料，经处理后接种 9～11 日龄非免疫或 SPF 鸡胚，多在 36～48 小时内死亡，收获其尿囊液，进行血凝和血凝抑制试验鉴定。

临床诊断应注意与禽流感等的鉴别。

> 主要防治方法

有本病流行的地区，免疫接种是预防本病的有效措施。注意不可使用 ND Ⅰ系疫苗，此疫苗对鹅有较强的毒力。10～15 日龄鹅接种新城疫灭活疫苗 0.3 毫升/只或用 ND Ⅳ系疫苗（剂量为鸡的 3～5 倍量/只）进行首免，对无母源抗体的雏鹅可提前到 2～7 日龄进行首免。首免后 2～3 周再接种灭活疫苗 0.5 毫升/只进行加强免疫。种鹅在产蛋前 15 天进行一次免疫，免疫后 3 个月再次加强免疫，使产蛋期内有较高水平的抗体。同时，要落实综合防控措施，加强饲养管理；实行全进全出、彻底清栏消毒制，不可将鹅和鸡同时饲养；孵化房、种蛋和育雏室的消毒对防止早期感染十分重要。

一旦发病，首先要扑杀无害化处理病死鹅，彻底消毒。其次，对同群假定健康鹅用新城疫疫苗进行紧急接种免疫，并每天进行带体消毒。

### 4. 禽呼肠孤病毒感染

禽呼肠孤病毒感染是一种发病急、死亡率高的新传染病，临床发现该病毒感染引起的病症表现比较复杂，根据发病表现特点，目前临床上一般分为雏鹅出血性坏死性肝炎和雏鹅脾坏死症两种症型。该病毒较耐热、耐酸，对过氧化氢、1% 甲醛溶液（3% 福尔马林溶液）和 2% 来苏尔溶液有一定的抵抗力，但可被有机氯、烧碱和有机碘杀灭。

> 发病（流行）特点、临床症状和剖检病理变化

（1）雏鹅出血性坏死性肝炎。本病多发于 1 月龄以内的雏鹅，以 1～2 周龄发病最多见。4 周龄内的雏鹅发病率可高达 70% 以上，病死率达 60%，1 月龄以上的鹅发病死亡率较低，青年鹅感染后一般不表现症状。由于各地养鹅习惯和时间的不同，各地发病季节不一样，只要有雏鹅存在就有本病发生的可能。

患病雏鹅精神委顿、身体虚弱、行动缓慢、喜欢蹲伏，食欲下降或完全废绝，腹泻，羽毛粗乱而无光泽，机体消瘦，病程 2～6 天。病程稍长的，病鹅腿部关节肿胀。

主要病变在肝脏。病鹅肝脏有大小不一的弥漫性出血斑点和淡黄色或灰白色的坏死斑点。脾脏稍肿、质地较硬、有灰白色坏死灶，有的脾脏严重充血、出血、肿大，呈紫黑色。胰腺肿大、出血或（和）有散在的细点坏死灶。肾脏肿大、充血和出血、变性或坏死，外观呈现红白相间的"花斑肾"。心脏可有出血点。肠道黏膜和肌胃角质层下有出血斑。胆囊肿大，充满胆汁。头颅顶骨严重出血，脑膜充血，肺充血、出血。有的法氏囊肿大、出血。

（2）雏鹅脾坏死症。本病一年四季均可发生，春夏较重。可发生于任何日龄的雏鹅，5～25日龄是易发阶段。

病鹅常聚堆，精神委顿，全身乏力，蹲伏，缩颈，嘴拱地，绒毛松乱，两翅下垂，摇头，呼吸急促，走路时两腿甚至整个身体颤抖，严重者瘫痪；发病鹅采食、饮水有所下降，机体消瘦；大部分病鹅下痢，粪便呈白色、黄白色或绿色，并且有腥臭气味，有的鹅肛门周围有粪便黏附；眼和鼻有分泌物。有些病例身躯倒翻，头脚盲目划动；有的脚趾蹼肿胀、发紫甚至坏死。病程1～3天。

特征性病变为脾坏死。有的脾脏有圆形或不规则的出血斑；有的脾脏肿大，表面有灰白色坏死斑块或同时有出血灶；发病后期脾脏严重坏死，见有灰黄白色坏死灶或同时有黄色假膜。肝脏肿胀，并有坏死斑点和出血斑点，胆囊肿大、充满胆汁。肾脏变性褪色或坏死，有明显的出血灶，并多数肿胀，呈花斑肾。有的病例，心脏、肺出血。

### 诊断

根据发病特点、临床症状和病理变化对这类疫病作出初步诊断，确诊应采集病鹅的肝、脾等组织，进行病毒分离鉴定或 RT-PCR 检测。

### 主要防治方法

由于本病是新发现的疫病，许多方面还未研究清楚，防治办法还在探索之中。因此，防控本病还是应采取综合措施，加强饲养管理，实施全进全出、彻底清场消毒的制度，搞好卫生，消除应激因素，及时无害化处理病死鹅，必要时对发病鹅添加饲喂维生素C和适量的抗菌药物进行治疗。

### 5. 鹅的鸭瘟病毒感染

本病是由鸭瘟病毒引起的一种急性接触性传染病。以高热、流泪、头颈肿大，泄殖腔溃烂，排绿色稀便和两腿发软为特征。鸭瘟病毒对外界环境有一定的抵抗力，夏季直射阳光需要9小时才被灭活，在室温（22℃）条件下，其感染力能够维持多天，低温环境中可维持数月甚至更长；碱性或酸性消毒药均可有效杀灭该病毒。

**发病（流行）特点**

自然情况下，鹅发生鸭瘟病毒感染，常因鹅与鸭瘟病鸭密切接触而引起；有些地方也可在鹅群中引起流行。被病毒污染的水体以及饲料、饮水、用具等均是本病传播媒介。病鹅主要通过消化道、呼吸道感染，也可通过眼结膜、吸血昆虫叮咬感染。不同年龄、品种、性别的鹅均可发病，但雏鹅易感性高，死亡率达80%左右；成年鹅发病率和死亡率因环境变化而不同，一般为10%左右，但在疫区可高达90%以上。

**临床症状**

体温42～43℃，精神委顿，食欲废绝，伏地不起，翅膀下垂。有的病鹅头颈肿大以及眼睑水肿，眼结膜充血、出血，流泪。流涕，呼吸困难，常仰头咳嗽。排黄绿、灰绿或黄白色泻便。肛门水肿，严重的凸出外翻，甚至泄殖腔也外翻。成年鹅多表现流泪、腹泻和产蛋率下降等。

**剖检病理变化**

头颈肿胀部位的皮下组织有黄色胶样浸染。眼睑肿胀、充血、出血，并有坏死灶。口腔及食道有灰黄色假膜或出血点。有的病例食道膨大部与腺胃交界处呈现环状出血带或黄色坏死带。肠黏膜弥漫性充血、出血，尤以十二指肠为甚。小肠集合淋巴滤泡肿胀，外观肠道呈环状结节状肿胀，在肠黏膜上形成纽扣状固膜性溃疡坏死。直肠后段斑驳状出血或形成连片的黄色假膜。泄殖腔黏膜充血、出血、肿胀、坏死，或同时在表面有一层灰黄色或黄绿色糠麸样假膜覆盖，严重者泄殖腔外翻。肝脏可有坏死点。有的病鹅，法氏囊充血，并有坏死点，内有白色凝固状渗出物。

产蛋鹅的卵巢出血，有的可破裂，引起卵黄性腹膜炎。

### 诊断

根据发病特点、临床症状和病变可作出初步诊断，确诊应采集肝、脾等内脏组织进行病毒分离与鉴定。

### 主要防治方法

对本病目前还缺乏有效的治疗方法，平时需加强饲养管理，喂以足够的青饲料和营养全面的配合料，保证维生素的需求量，减少应激因素，搞好鹅场卫生，对鹅舍、运动场、水池、用具等定期消毒。不从鸭瘟疫区引鹅；鹅与鸭分开饲养，避免同一池内嬉水。受威胁区、疫区的鹅，可接种鸭瘟弱毒疫苗进行预防，疫苗使用剂量是鸭的3～5倍。

对发病鹅群，在采取隔离、消毒措施的同时，用鸭瘟疫苗进行紧急预防接种。对病鹅应多喂青料，少喂颗粒料，同时用口服补液盐代替饮水，连饮4～5天，并适当增喂维生素和添加一定的抗生素，以增强抗病力，预防继发性感染。及时无害化处理病死鹅和污染场地。

## 6. 鹅出血性肾炎肠炎

本病是由多瘤病毒（GHPV）引起的以高患病率和死亡率为特征的传染病，20世纪80～90年代以来在欧洲散发，目前，我国尚未见到病例报告。

### 发病（流行）特点

发病者主要见于4周龄以内的雏鹅，发病和死亡率为10%～80%，发病期可持续很长时间，可达1～2个月，或有几周的断续，即可观察到两个独立的发病死亡高峰。本病仅见于鹅，还未发现其他家禽发病。本病主要是通过病鹅粪便排出病毒污染环境而传播。

### 临床症状

多数发病鹅的临床症状，往往在死亡前几小时出现。通常表现离群独处、昏迷然后死亡，有的出现共济失调、角弓反张。病程长的病例可引起痛风，关节肿胀、跛行，陆续零星死亡。

### 剖检病理变化

急性病例常可见到出血性肠炎、肾炎,皮下组织出血、水肿,腹腔中有胶样腹水。亚急性或慢性病例常可见到内脏上和关节中白色尿酸盐沉积等变化。

### 诊断

本病没有特征性的病症,又因为在许多病例中很难或者不可能分离到 GHPV,所以用 PCR 技术检测多瘤病毒核酸方法来进行诊断,用此法可从发病鹅的各种器官包括肾脏、肝脏、脾脏、肺、法氏囊和肠内容物中检测到 GHPV 的特异性 DNA。

### 主要防治方法

现在还没有有效的防治方法,应采取综合防治措施,加强饲养管理,实施全进全出、彻底清场消毒的制度,搞好卫生,消除应激因素,及时无害化处理病死鹅。

## 7. 鹅的圆环病毒感染

本病是近年来发现的由圆环病毒(PCV)感染引起的传染病,有关本病的报道还较少。根据目前的资料,鹅发生本病主要特征是机体和羽毛生长不良,由于感染本病病毒后可使机体免疫功能受到损害,易引起其他病原的感染。

### 发病(流行)特点

由于本病是一种新的传染病,有关本病的发病特点还不了解。圆环病毒在畜禽多种动物中被检出发现,感染后许多情况下并不发病,鹅感染后发病和死亡率如何以及传播途径等还有待调查研究。鹅感染圆环病毒后,易引起其他疫病的发生。

### 临床症状和剖检病理变化

表现体质衰弱,生长迟缓、羽毛发育不良,如继发其他疫病,则使病症复杂化。有报道认为主要病变是法氏囊结构受到破坏;也有报道人工感染发病鹅,主要变化是心脏内外膜出血,肝脏有出血,部分也有法氏囊、胸腺等脏器出血。

### 诊断

本病没有特征性病症,临床诊断较困难,须采集法氏囊等组织进行圆环病毒的检测才可作出诊断。

### 主要防治方法

现在还没有有效的防治方法,应采取综合防治措施,加强饲养管理,实施全进全出、彻底清场消毒的制度,搞好卫生,消除应激因素,及时无害化处理病死鹅。

## (二)细菌和真菌病

### 1. 禽巴氏杆菌病(禽霍乱、禽出败)

禽巴氏杆菌病又称禽霍乱、禽出血性败血症(禽出败),是由多杀性巴氏杆菌引起的鸡、鸭、鹅等禽类发生的一种败血性传染病。发病率和死亡率很高。该菌对各种消毒药和理化因素的抵抗力不强,在直射阳光和干燥条件下会很快死亡,56℃加热15分钟、60℃加热10分钟就可被杀死,能被常用消毒药有效杀灭,但在粪中可存活1个月,尸体中可存活1~3个月。

### 发病(流行)特点

本病一年四季均可发病,尤其在潮湿、多雨、气温较低的秋末和春初季节多发。鹅对本病有极高的易感性,未免疫情况下发病常呈暴发性,发病急,死亡率高,可达80%以上。仔鹅发病和死亡较成年鹅严重。饲养管理不善、营养不良、气候突变和阴雨潮湿等均会促进本病发生。该病经消化道、呼吸道、破损的皮肤黏膜感染,感染禽排出病原污染环境特别是饲料和饮水等导致疫病传播。

### 临床症状

本病自然感染潜伏期为2~9天,根据病程长短,一般分为最急性型、急性型和慢性型三种。

**最急性型：** 常见于流行初期，无明显症状，多发于营养状况良好的鹅，病鹅突然倒地，迅速死亡。有时见母鹅死在产蛋窝内，有时夜间一切正常，次日早晨即发现不少鹅死亡。

**急性型：** 此型最常见，病鹅主要表现为发热，羽毛松乱，尾翅下垂，精神委顿，缩头弯颈，有的病鹅两脚瘫痪，食欲减少或不食；发生剧烈腹泻，排出腥臭的白色或铜绿色稀粪，有的粪便混有血液；口鼻、喉头中有黏液，呼吸困难，常张口呼吸并甩头，企图排出积在喉头的黏液，故有"摇头瘟"之称；喙和蹼发紫。病程1～3天即可死亡。

**慢性型：** 常见于流行后期。病鹅消瘦贫血，腿关节肿胀和化脓，跛行，最后消瘦衰竭而死；少数病鹅即使康复，但生长缓慢。

### 剖检病理变化

**最急性和急性病例：** 最急性病例常无特征性病变。急性型病例以败血症为主要变化，皮下、气囊及胸腹腔膜和脂肪有小出血点；鼻腔黏膜充血或出血，喉头、气管出血或同时有黏液；心包内充满透明淡黄色渗出液，心脏出血明显；肺呈多发性肺炎，间有气肿和出血；肝略肿大、质地变硬变脆，表现有针尖状、灰白色的坏死点，这是本病的特征性病变；脾脏肿大，并有大量灰白色的坏死斑点；胰腺肿胀，并有出血和坏死病变；肠道尤其是十二指肠严重充血和出血，肠内容物中可含血液。发病母鹅卵巢可有出血斑点，有时在卵巢周围有一种坚实、黄色的干酪样物质。

**慢性病例：** 多发性关节炎，主要可见关节面粗糙，附着黄色的干酪样物质或红色的肉芽组织。关节囊增厚，内含有红色浆液或灰黄色、混浊的黏稠液体。肝脏发生脂肪变性和局部坏死。

### 诊断

根据发病特点、临床症状和剖检病理变化可以作出初步诊断；确诊可无菌采集病死鹅心血、肝、脾等病料进行病原分离与鉴定。

### 主要防治方法

预防本病的主要措施是加强平时的饲养管理，减少不良外界因素，使鹅群保持较强的抵抗力；实施全进全出、彻底清栏（塘水）消毒的养殖方式，严格执行定期消毒卫生制度，避免从有疫情的鹅场引进鹅种。同时，在禽霍乱常发或流行严重的地区，应定期接种疫苗进行预防。

一旦发病可用青霉素、链霉素或磺胺类药物进行治疗。

## 2. 大肠杆菌病

大肠杆菌病是鸡、鸭、鹅等禽类的一种常见传染病，是由不同血清型致病性大肠杆菌引起的急性或慢性疾病的总称，多数哺乳动物也能感染。致病性大肠杆菌对外界环境的抵抗力属中等，对酸碱均敏感，55℃ 1小时或60℃ 20分钟就被杀死，常用消毒剂能有效杀灭该病菌。

### 发病（流行）特点

本病一年四季均可发生，临床表现多样。不同日龄、不同品种的鹅均可感染发病。致病性大肠杆菌主要通过消化道感染，被病鹅分泌物、排泄物污染的饮水、饲料、垫料等通常是主要的传播途径，污染种蛋可造成垂直传播。饲养环境差、潮湿、养殖密度高、气候突变、营养水平低等是重要的诱发因素。虽然本病发生时常为群发性，但因感染途径和部位以及影响因素不同，发病率和死亡率也不一样。

### 临床症状和剖检病理变化

大肠杆菌可感染不同部位，所以表现的症型比较复杂。根据症状和病变可分为败血症、广泛的纤维素性炎症、卵黄性腹膜炎、输卵管炎、肠炎、初生雏卵黄感染和脐炎及其他病型。

（1）败血症：主要发生于2～8周龄鹅，冬末春初多发。急性病例很少出现可见症状就死亡。剖检常见肠道、心脏等有出血，肺发炎出血，有的胰腺发炎、充血出血。

（2）广泛的纤维素性炎症：剖检常见以心包膜、肝被膜和气囊壁或同时腹膜等发生炎症为主，构成纤维素性心包炎、肝周炎、气囊炎，同时出现腹膜炎。心包膜被覆着淡黄色或干酪样纤维素性渗出物，心包囊内充满黄色絮状物和淡黄色渗出液；肝脏表面覆盖一层灰白色或灰黄色纤维素性蛋白膜；气囊混浊增厚，气囊壁上附有条片状、絮状的黄白色纤维素性渗出物；严重的因腹腔中大量纤维素渗出而引起腹膜、内脏粘连。有的病例发生纤维素性肺炎，在肺表面有大量渗出的灰白或灰黄色纤维素或与胸壁粘连。病变类似于鹅的鸭疫里氏杆菌感染。有的病鹅腹腔积液，腹部膨大、下垂，两腿叉开，喙也可发黑。

（3）卵黄性腹膜炎：又称蛋子瘟，主要发生于产蛋期的母鹅。病鹅体态消瘦，丧失产蛋能力。外观病鹅腹部膨大、下垂，两腿叉开，喙可发黑，肛门周围羽毛上粘着蛋白或蛋黄状的污物，排泄物中含有蛋白状物或黄白色凝块。剖检时卵泡变性、变形、变色和出血，有的卵泡破裂，此时腹腔有腥臭味，内有多量卵黄状物质，并发生程度不一的腹膜炎，可有腹腔积液，严重的因大量纤维素渗出而引起内脏粘连。

（4）输卵管炎：多发生于产蛋期，软壳蛋、砂壳蛋、畸形蛋显著增加。病鹅输卵管膨大，管内有干酪样物，常于感染后数月内死亡，存活者产蛋停止。严重的可导致泄殖腔、子宫甚至输卵管等内脏脱出体外。

（5）肠炎：这是大肠杆菌病常见病型。临床表现为腹泻，肛门周围羽毛潮湿、污秽、互相黏合。剖检可见肠黏膜充血、出血，肠内容物稀薄并含有带血黏液。有的病例，泄殖腔黏膜发炎外翻，甚至连同其他内脏一起脱出体外。

（6）初生雏卵黄感染和脐炎：种蛋被污染可导致死胚或幼雏卵黄感染。感染的胚胎多在孵化后期死亡，出壳的弱雏卵黄吸收不良，卵黄呈污褐色。病雏并发脐炎，多在出壳后一周内死亡；出壳后也可感染发生这种病症。

（7）其他病型：可引起眼结膜炎，出现眼睑水肿、流泪或眼中有黏性和脓性分泌物，严重的可致失明。还可引起关节滑膜囊炎，导致关节肿胀、跛行。也可感染脑部引起脑炎，出现摇头、斜颈、抽搐等神经症状。有的可能会引起公鹅阴茎感染发炎、充血、肿大甚至脱出、坏死。临床诊治中还曾分别在下颌肿胀和眶下窦部位出现明显肿胀的病鹅上分离到大肠杆菌。胸骨部皮下也会因大肠杆菌感染而发炎肿胀。

### 诊断

一般可根据发病特点、临床症状和病理变化作出初步诊断，确诊应无菌采集病鹅的血液、肝、脾以及腹腔或输卵管内的分泌物进行细菌分离鉴定。本病引起的病型较复杂，与许多疾病的表现相类似，应细致鉴别。发生心包炎、肝周炎、气囊炎的病例，须注意与鹅的鸭疫里氏杆菌感染、小鹅瘟、衣原体病等进行鉴别。

### 主要防治方法

预防本病，关键是要加强饲养管理、采取综合防控措施，实施全进全出、彻底清场清池水和消毒的养殖方式。保持鹅群合理密度，注意鹅舍空气流通，确保饲料质量和饮水卫生，及时淘汰病鹅，做好种蛋消毒，搞好孵化器具清洁卫生等。嬉水池的水应定期更换，必要时应加入适量消毒药进行消毒。

一旦鹅发病，应在患病的早期用药物进行治疗，由于致病性大肠杆菌极易产生耐药性，最好经药敏试验选择药物或者选择本场未用过的药物，交替或联合使用药物更有效。

## 3. 禽沙门氏菌病

鹅的禽沙门氏菌病主要是禽副伤寒，也可发生鸡白痢，前者由鼠伤寒沙门氏菌等多种血清型引起，后者由鸡白痢沙门氏菌引起。这是各种家禽都会发生的常见传染病，主要危害幼禽。发病的幼鹅呈急性或亚急性经过，表现为腹泻和消瘦等症状，成年鹅呈慢性或隐性经过。禽沙门氏菌抵抗力较强，75℃需5分钟才死亡，-10℃经115天尚能存活；在干燥的沙土中可生存2～3个月，在干燥的排泄物中可保存4年之久，但在0.1%的升汞浴液、0.2%的甲醛溶液、3%的苯酚（石炭酸）溶液中15～20分钟可被杀死。

### 发病（流行）特点

病鹅和带菌鹅是本病外源性感染的传染源，同时本菌又是条件致病菌，在健康鹅消化道中都有存在，当机体抵抗力下降时发生内源性感染。

感染途径主要是消化道，污染的种蛋可垂直传播，少数情况下可通过呼吸道感染。被污染的饲料、饮水、用具、土壤及鹅舍环境等都是本病的传播媒介。各种应激因素，如不良的环境、不利的天气、长途运输等都可促使本病发生，常为群发性。

### 临床症状

经蛋垂直传染的雏鹅，在出壳后数日内很快发病死亡，无明显症状。出壳后感染的雏鹅，表现为食欲缺乏、口渴；腹泻呈稀粥样或水样，常混有气泡，呈黄绿色；肛门周围被粪便污染，干后封闭泄殖腔，导致排粪困难；聚堆、腿软、呆立、缩颈闭目、翅膀下垂、羽毛蓬松；呼吸困难，常张口呼吸；有的身体倒翻，头脚乱划，甚至出现角弓反张。多在发病后2～5天内死亡。有的引起雏鹅脐部发炎肿胀；有的出现关节炎。成年鹅常无明显症状，砂壳蛋、畸形蛋显著增多。

### 剖检病理变化

主要病变在肝脏，肝肿大、充血和出血、表面色泽不均，有的肝上有细小黄白色坏死点（禽副伤寒结节）；胆囊肿大，充满胆汁；脾脏肿大，并有坏死点；肠黏膜充血、出血，盲肠等肠黏膜表面有黄白色颗粒状坏死点，盲肠内有白色豆腐样物；有时引起卵巢、输卵管发炎甚至导致卵黄性腹膜炎。发生脐炎的雏鹅，腹部肿胀、卵黄吸收不全或破裂。发生鸡白痢的病鹅，输尿管可肿大、内积有白色物质。

### 诊断

本病缺乏特征性症状及病变，临床上难以诊断，应做病原学检查。可无菌采集急性期的病鹅血液或者病变的肝组织作细菌分离鉴定而作出确诊。

### 主要防治方法

预防本病最主要的方法是保持种鹅健康，必须淘汰慢性病鹅。孵化前对种蛋和孵化器进行严格消毒。实施全进全出、彻底清场消毒的养殖方式，雏鹅与成年鹅分开饲养，并做好卫生消毒及饲养管理工作。有本病存在的种鹅场，应反复采用平板凝集试验检测、淘汰阳性鹅并达到净化。

对发病雏鹅群可进行药物治疗，常用药物有环丙沙星或诺氟沙星等，必要时可做药敏试验筛选敏感药物。

### 4. 葡萄球菌病

本病是由金黄色葡萄球菌引起的多种禽类感染发生的一种急性或慢性传染病。该病菌对外界抵抗力较强，在干燥脓液或血液中能生存 2～3 个月，但可被常用消毒药杀灭。

#### 发病（流行）特点

金黄色葡萄球菌广泛存在于环境中，鹅舍内的空气、地面以及鹅的体表、鹅蛋表面、鹅粪中都可有本菌存在。通常因皮肤、黏膜特别是蹼或趾划破而感染发病，呼吸道、消化道及雏鹅脐部感染也是常见的途径。该病一年四季均可发生，以高温、多雨、潮湿的夏季多发。各种日龄的鹅均可感染本病，雏鹅感染后，多呈急性败血症，有很高的发病率和病死率；成年鹅感染后，多引起关节炎，病程较长。另外，管理不当、营养缺乏或者感染其他疾病也可诱发本病。

#### 临床症状和剖检病理变化

根据葡萄球菌感染部位不同，临床上可分为关节炎型、脐炎型、皮肤型、趾蹼型、眼型等。

（1）关节炎型：多发生于青年鹅、成年鹅。患鹅多为趾、胫、跗关节发炎肿胀，触诊发热，有波动感。不愿走动、跛行。剖检肿胀关节，可见皮下水肿、关节液增多、滑膜增厚、充血或出血，在关节囊内或滑液囊内有浆液性或纤维素性渗出物，发病后期变成脓性渗出物或黄白色干酪样坏死物。逐渐消瘦衰弱而死亡。

（2）脐炎型：常见于刚出壳不久的雏鹅，可大批死亡。病雏鹅精神委顿、怕冷聚堆、不愿走动；脐部坏死、肿胀，呈黄红色或紫黑色，腹部膨大；卵黄吸收不良，稀薄如水，并具有腐败的味道。

（3）皮肤型：多见于幼鹅。病鹅多因皮肤外伤感染引起，严重的表现为精神不振、羽毛松乱、减食嗜睡，胸腹部、大腿内侧皮肤呈坏死性炎症，皮下炎性肿胀，患部皮肤呈紫红色或蓝紫色；有的脓肿破溃，流出黄棕色或棕褐色液体，随着病情的发展，引起全身败血症，最后衰竭而死。患部皮下有出血性胶冻样浸润，呈黄棕色或棕褐色，有的病例也有坏死性病变。

（4）趾蹼型：多见于成年鹅，这是一种常见的葡萄球菌病，常为外伤感染引起，表现为趾蹼出血发紫，或形成脓肿，或趾蹼肿胀、坏死溃烂，或皮肤增生结痂龟裂等病变。多跛行。

（5）眼型（结膜炎）：眼睑肿胀明显，分泌物增多，随着病情的发展，眼睛肿至黏合、失明，由于不能采食而饿死或衰竭死亡。

有的病例，胸部红肿，皮下龙骨发生浆液性滑膜炎；有的发生腹泻；有的可能会引起公鹅阴茎感染发炎、肿胀甚至脱出、坏死。

各型感染引起全身败血症的病例，心脏有小的出血点；肝、脾肿大，有灰白色点状坏死灶。

### 诊断

依据发病特点、临床症状和相应的病理变化，可作出初步诊断。无菌采取病变组织进行病原分离鉴定可确诊本病。

### 主要防治方法

预防本病要加强饲养管理，实施定期清场和全进全出、彻底清场消毒的管理方式。运动场及鹅舍内要清除铁钉、铁丝、破碎玻璃等尖锐异物及细丝线、棉线等，防止鹅掌被刺破或鹅腿被缠绕受伤而感染。发现鹅皮肤损伤，应及时用碘酒或紫药水涂擦患处，防止感染。

对于无治疗价值的发病鹅应及时淘汰、作无害化处理。对局部感染者，必要时可进行治疗处理。发病率较高时，可考虑全群给药，选择本鹅群未使用过的庆大霉素、青霉素或磺胺类等药物，最好是根据药敏试验结果选择敏感抗菌药物进行治疗。

## 5. 鹅的鸭疫里氏杆菌感染

鸭疫里氏杆菌原名鸭疫巴氏杆菌，因最早发现鸭子感染发病而得名，鸭子发病又称鸭传染性浆膜炎。后来发现这种细菌也可引起雏鹅感染发病，发病经过和特征与鸭发病类似，曾被称为鹅流感，以引起纤维素心包炎、肝周炎、气囊炎等为特征。该病菌对外界抵抗力较弱，在气温高和干燥环境下不易存活和生长，可被常用消毒药杀灭，但在垫料、水中可存活多天。

### 发病（流行）特点

2～3周龄的雏鹅最易感染，1周龄以下和8周龄以上的鹅极少发生，但可带菌成为传染源。本病一年四季均可发生，但以阴雨、潮湿、养殖密度过高、低温潮湿、营养不全等情况下多发。有的鹅群感染率很高，可达90%以上，病死率为5%～70%或更高。该病主要通过呼吸道、破损的皮肤伤口感染，被污染的饲料、饮水、空气是重要的传播途径。常与大肠杆菌病并发或继发。

### 临床症状

急性病例病鹅表现为精神沉郁、嗜睡、缩颈、腿软、不愿走动、行动迟缓或共济失调；濒死前有的抽搐，有的出现角弓反张。眼和鼻有浆液性或黏液性分泌物，呼吸困难。腹泻，排出稀薄粪便，呈绿色或黄绿色。呈亚急性或慢性的病例，可见头颈歪斜，做转圈运动或倒退，有的摇头，有的倒翻在地、头脚乱划，有的腹部膨大、两脚叉开站立。

### 剖检病理变化

最主要的病理变化是浆膜表面有纤维素性炎性渗出物，与大肠杆菌病相似，以心包膜、肝被膜和气囊壁或同时腹膜发生炎症为主，构成纤维素性心包炎、肝周炎、气囊炎或同时有腹膜炎，有的并发纤维素肺炎。鼻窦内有黏液脓性渗出物。脾表面可附有纤维素性薄膜，有的脾肿大，呈斑驳状。有的腹腔中可积液。中枢神经系统感染可出现纤维素性脑膜炎，脑膜充血、增厚、附有纤维素。有的脑壳有充血变化，有的胰腺或皮下发炎充血、出血。少数病例输卵管明显膨大，管内充满干酪样渗出物。

### 诊断

根据发病特点、临床症状和剖检病理变化可作出初步诊断。确诊可通过无菌采取心血、肝、脑等病变组织进行细菌涂片镜检、培养分离与鉴定。临床诊断应注意与大肠杆菌病、小鹅瘟、衣原体病的鉴别。

### 主要防治方法

预防本病重在加强饲养管理，注意鹅舍的通风、防潮防寒、通风防热，保证营养全面，及时更换垫料，实行全进全出、彻底清栏消毒的饲养管理制度，定期对鹅舍、用具等进行消毒。免疫接种是预防该病的有效措施，可根据本场流行菌株来选择同型菌株疫苗进行接种，确保免疫效果。

一旦发现鹅群发病，可选择新霉素、土霉素及磺胺类药物进行治疗，该菌容易产生耐药性，最好进行药敏试验，选择使用高敏药物。

## 6. 坏死性肠炎

坏死性肠炎（NE）又称烂肠症，主要是由魏氏梭菌（产气荚膜梭状芽孢杆菌）引起的一种急性传染病，以常急性死亡和消化道黏膜坏死为特征。该病菌形成芽孢后抵抗力较强，一般消毒药须长时间作用才能将其杀死，可被作用较强的20%的漂白粉、3%的氢氧化钠溶液在短时间内杀灭。

### 发病（流行）特点

在正常的动物肠道内就有魏氏梭菌，它是多种动物肠道的寄居者，是条件性病原菌。因此，粪便内就有此菌存在，粪便可以污染土壤、水、灰尘、饲料、垫草、一切器具等。本病一年四季均可发生，常以散发为主，也有群发性，发病死亡率可达10%以上。鹅群受各种应激因素如免疫接种、恶劣的气候条件等刺激后更易发病。

### 临床症状和剖检病理变化

病鹅精神沉郁，食欲明显下降，不能站立，产蛋急剧下降；下痢，排红褐色或黑褐色焦油样粪便，粪便中或见有脱落的肠黏膜。

剖检病死鹅，肠道极度肿胀鼓气，呈灰褐色或暗紫色外观，内容物乌黑；十二指肠黏膜出血。疾病后期见空肠和回肠黏膜表面等覆盖一层黄白色恶臭的纤维素性渗出物和坏死的肠黏膜；食道膨大充盈，腺胃黏膜脱落，肌胃发炎，胃内容物腐败变质或同时呈黑色；肝脏肿大呈浅土黄色，肝脏表面有大小不一的黄白色坏死斑点；胆囊肿大，肝组织被染成墨绿色；脾脏肿大呈紫黑色。

### 诊断

根据发病特点、临床症状及典型的剖检病变可作出诊断。确诊应无菌采集发病鹅心血、肝及肠道等组织送实验室进行病原分离和鉴定。

### 主要防治方法

预防工作重在加强饲养管理，采取全进全出、彻底清场（池水）消毒的饲养管理方法，实行制度化消毒工作，正确使用抗菌药物，防止肠道菌群紊乱，可应用微生态活菌制剂维持消化道正常菌群的生态平衡，以减少产气荚膜梭状芽孢杆菌在肠道中繁殖。

对发生坏死性肠炎的鹅群，按照药物使用说明书规定剂量在饮水中加入硫酸新霉素或在饲料中加入氟苯尼考（或乳酸环丙沙星），连喂5～7天。对重症病鹅每只肌注青霉素（5万单位）和链霉素（4万单位），每天2次，连用2～3天。

## 7. 水禽慢性呼吸道病（水禽传染性窦炎）

水禽慢性呼吸道病又名水禽支原体病、水禽传染性窦炎，是由鸡毒支原体引起的鸡、鸭、鹅均可感染发生的一种局限性疾病。以鼻窦炎、结膜炎和气囊炎为主要病症。该病原抵抗力不强，对热敏感，但在低温条件下可存活数年，可被甲醛、酚类等常用消毒剂杀灭。

### 发病（流行）特点

一年四季均可发生，以秋末冬初和春季多发。主要发生于2～3周龄的雏鹅，发病率可高达80%，死亡率1%～2%；严重发病的鹅群，其发病率可达100%，死亡率可高达20%～30%；成年鹅较少发生。传染源为病禽和带菌禽，空气被污染后，常经呼吸道感染，也可能经污染的种蛋垂直传播。雏鹅孵出后带菌，如果育雏舍温度过低、空气混浊、饲养密度过高、饲养管理不善及各种应激因素均可降低机体的抵抗力，很容易导致本病的发生。

### 临床症状

患鹅病初打喷嚏，一侧或两侧眶下窦部呈球形肿胀，形成隆起的鼓包，触之有波动感。随着病程的发展，肿胀部位变硬。鼻腔发炎，从鼻孔内流出浆液性或黏液性分泌物，病鹅甩（摇）头。严重病例，呼吸困难、咳嗽，随着每次呼吸发出"咕-咕"的气管啰音，鼻孔周围有干痂，分泌物将鼻孔堵塞。有些病鹅发生结膜炎，眼睑肿胀，偶见有整个眼球凸出，眼内积蓄浆液或黏性分泌物，病程较长时，眼睛会失明。病鹅生长发育缓慢，肉鹅品质下降，蛋鹅产蛋率下降。

### 剖检病理变化

病鹅眶下窦内，经常充满浆液性或黏液性分泌物，窦腔黏膜充血增厚，有的蓄积多量坏死性干酪样物质。喉头、气管黏膜充血、水肿，有浆液性或黏液性分泌物附着。气囊壁混浊、增厚，有大量白色泡沫状分泌物或出现干酪样渗出物。肺发炎、出血，有黄色渗出物附着。

### 诊断

根据发病特点、临床症状和剖检病变可作出诊断，必要时可无菌采取眶下窦分泌物和气囊等病料送实验室分离鉴定支原体进行确诊。本病可继发大肠杆菌感染，应注意鉴别。

### 主要防治方法

加强鹅群的饲养管理，注意舍内清洁卫生，及时通风换气，做好冬季防寒保温工作，防止地面过度潮湿，饲养密度不宜过高，保证营养。实行全进全出、彻底清场消毒制度，空舍后严格消毒，有条件的可空舍15天后才进苗鹅。鸡、鸭、鹅不可同时饲养。一旦发现病鹅，及时淘汰或隔离饲养治疗，可用泰乐菌素按照药物说明书规定剂量加入饮水中自由饮用，连用3~5天。

## 8. 衣原体病（鹦鹉热、鸟疫）

衣原体病又名鹦鹉热、鸟疫，是由鹦鹉热衣原体引起的一种急性或慢性接触性传染病。在有并发症或逆境条件下，可引起大批发病，死亡率较高，从而造成严重的经济损失。本病是各种畜、禽和人类的共患传染病，人发病后表现的临床症状类似于流感，常并发肺炎，是养禽工人的一种职业性疾病。鹦鹉热衣原体对热较敏感,在高温下抵抗力不强,用5%的碘酊、70%的酒精或3%的过氧化氢溶液等常用消毒药消毒几分钟即可将其杀死。

### 发病(流行)特点

日龄不同的鹅,易感性不同,幼龄鹅易感,发病率为10%～80%,死亡率为0%～30%,成年鹅一般呈隐性感染。在饲养密度过高、舍内通风不良、营养差等情况下或常并发沙门氏菌病等病后,容易造成本病的流行,病死率提高。病鹅和带毒鹅是本病的传染源,其排泄物中含有大量的病原体,干燥后随风飞扬,通过空气经口或呼吸道感染;另外,该病还可通过吸血昆虫、啄伤感染,也可经蛋传染。

### 临床症状

幼龄鹅感染发病后,表现精神沉郁,食欲缺乏或废绝,全身颤抖,步态不稳,共济失调。严重腹泻,排绿色水样稀粪,肛门四周羽毛粘有污秽物。常出现结膜炎和鼻炎,眼和鼻孔中流出浆液性、黏液性或脓性分泌物,眼周围羽毛粘连,时间稍长者结成干痂或脱落。随着病情的发展,病鹅消瘦,陷于恶病质状态,死前常见痉挛。成年鹅感染后,产蛋率大幅度下降,种蛋出雏率也降低。

### 剖检病理变化

常见有眼结膜炎、角膜炎、鼻炎或眶下窦炎,鼻腔和气管中有大量黏稠物,偶见有全眼球炎,眼球萎缩。全身性浆膜炎,气囊内有大量灰白色或灰黄色干酪样渗出物,气囊混浊增厚。肝、脾肿大,有坏死点。并可发生纤维素心包炎、肝周炎,在心包、肝、脾表面常覆盖一层灰色或黄白色纤维素性薄膜。胸肌常萎缩。

### 诊断

本病与大肠杆菌病、鹅的鸭疫里氏杆菌感染等鹅病相似,仅从临床症状、病理剖检上不易诊断。所以,必须无菌采集病变气囊、肝、心包、脾等组织送实验室进行检验才能确诊,常采用涂片镜检、病原体分离、小鼠接种试验和血清学试验等方法。

### 主要防治方法

目前尚无有效疫苗可以用来预防本病。因此，鹅应避免与鸟及其他禽类等动物及其排泄物接触，控制一切可能的传染来源。应采取全进全出、彻底清场消毒的养殖方式，塘水应定期更换和消毒，饲养场地须经常清理和消毒。对发病鹅可采取拌服四环素类药物治疗，每千克日粮中加入四环素或土霉素 0.2～0.4 克，连喂 1～3 周；也可用青霉素治疗。由于人类也能感染该病，当饲养、防治和剖检病鹅时，必须注意个人防护和防止污染周围环境。

## 9. 禽曲霉菌病

禽曲霉菌病是由曲霉菌引起的鹅等多种禽类常发的一种急性或慢性传染性真菌病。主要侵害禽的呼吸器官，导致气囊、肺发生炎症并形成肉芽肿结节。本病的主要病原体是烟曲霉和黄曲霉，黑曲霉、青曲霉也有致病性。曲霉菌孢子对环境有很强的适应能力，对化学药品也有较强的抵抗力，但可用 5% 的甲醛、苯酚（石炭酸）、过氧乙酸和含氯制剂等消毒药进行消毒灭菌。

### 发病（流行）特点

急性暴发主要见于 1 周龄左右的雏鹅，常呈群发性，发病率很高，可造成大批死亡，病死率可达 50% 以上；而青年鹅和成年鹅多为散发，有一定病死率。曲霉菌广泛存在于自然界，常污染垫草和饲料，其孢子可随空气传播。鹅舍通风不良、舍内温度较高、潮湿使垫料和饲料等发霉以及饲养密度高是本病暴发的主要诱因。曲霉菌可穿透蛋壳感染鹅胚，或出壳后的雏鹅进入被曲霉菌污染的育雏室 48～72 小时后即可开始发病死亡，几天后出现发病高峰，以后逐渐减少，至 1 月龄基本停止死亡；如果饲养管理条件差，流行和死亡可一直延续到 2 月龄。健康鹅由于吸入含有霉菌孢子的空气或采食发霉的饲料而经呼吸道或消化道感染。正值产蛋高峰期的鹅群发生本病后，可使产蛋率明显下降。梅雨季节是本病的高发期。

### 临床症状

因雏鹅被感染的日龄不同，发病率和病死率有所不同。急性型主要发生于3周龄以内的雏鹅，病鹅精神委顿，多卧地，食欲减退，不愿下水游动，即使驱赶下水则很快上岸。有的病鹅伸颈张口呼吸，后腹起伏明显，咳嗽，有时发生间歇性强力咳嗽和出现喘鸣声，喙、腿脚呈紫红色或发黑。后期病鹅腹泻、拒食，出现两腿麻痹症状，有的摇头，有的发生共济失调或头颈扭曲，有的出现角弓反张。有的侵害眼睛，引起眼结膜炎。病程一般在1周左右，病程快者3～5天死亡。慢性病例，症状不明显，可出现喘气、下痢等症状，逐渐消瘦死亡，病程10多天或数周。

### 剖检病理变化

由于致病菌株不同、感染日龄不同，其病理变化和病程长短也有差异。但肺部和气囊具有特征性的变化。发病早期胸腔中可有积液，肺充血、出血、水肿与坏死，肺、气囊和胸腹膜甚至肝脏等其他器官上有霉菌斑或发展为从针头至绿豆大小、数量不定的坏死肉芽结节，结节呈灰白色或灰黄色，柔软而有弹性，有时可以相互融合成大的团块，直径达3～4毫米，切开结节可见似有层状结构，中心为干酪样坏死组织，含有大量菌丝体。慢性病例有腹水等病变。

### 诊断

根据临床症状和剖检变化结合发病特点，可作出诊断。必要时，可取气囊、气管、肺等干酪样坏死组织或由病变组织表面刮取霉菌斑置于载玻片上，加1～2滴生理盐水，用大头针将组织或菌团撕开，压片镜检。如果组织碎块较硬，可改用1～2滴20%的氢氧化钾溶液，并在火焰上微微加温后压片，用显微镜详细观察菌体形态。必要时可进一步做病原分离鉴定。

### 主要防治方法

不使用发霉的垫料和饲料，垫料要经常翻晒，以防止霉菌生长繁殖。育雏室土壤中可含有大量霉菌孢子，因此，进雏前必须彻底清场、换土和消毒，用甲醛熏蒸或用5%的苯酚（石炭酸）消毒后再铺上垫料。雏鹅进入育雏室后，日夜温差不要过大，逐步合理降温，设置合理的通风换气设备。在梅雨季节育雏时要特别注意防止垫料和饲料的发霉。

目前对本病尚无特效的治疗方法，但在清除发病因素的同时可试用制霉菌素治疗，剂量为每100只雏鹅50万～100万单位，每天2次，连用2天；也可在饮水中添加硫酸铜（1∶3000稀释）或用0.5%～1%的碘化钾水溶液，连饮3～5天。

## 10. 家禽念珠菌病（鹅口疮）

家禽念珠菌病又称为霉菌性口炎、白色念珠菌病、鹅口疮，是由白色念珠菌引起的多种家禽感染发病的一种霉菌性传染病，人也能感染发病。本病以上消化道黏膜出现黄白色的伪膜和溃疡为主要特征。

### 发病（流行）特点

本病常为散发，但暴发时可造成严重损失。发病主要见于雏鹅。病鹅和带菌鹅是主要传染源。病原可通过病鹅的分泌物、排泄物污染饲料和饮水，经消化道感染。白色念珠菌在自然界广泛存在，是健康畜禽消化道内的常在菌群，在正常的情况下不会发病，但当滥用抗菌药导致微生态失调，或由于饲养管理不善、密度过高、饲料配合不当而降低鹅只的抵抗力时，可促使鹅只发生本病。本病也可通过被白色念珠菌污染的蛋壳而传播。

### 临床症状

病鹅精神委顿，被毛松乱，不愿活动，离群独处。因吞咽困难造成食欲减少或不愿采食，生长发育不良，严重病例逐渐消瘦以至衰竭死亡。呼吸急促，频频伸颈张口，呈喘气状，咳嗽，时而发出咕噜声，叫声嘶哑，濒死抽搐。

### 剖检病理变化

口、鼻腔有分泌物。在不同病程阶段可见到口、咽、食道黏膜上有隆起的灰白色或灰黄色干酪样小点和颗粒或白色、黄褐色隆起的成片伪膜，如撕去伪膜后可见红色的溃疡出血面。腺胃偶尔也受到感染，出现类似病变。有的相同病变也出现在气管上。

### 诊断

因本病无特征性的临床症状，必须经尸体剖检与微生物检验方可确诊。许多健康小鹅也常有白色念珠菌寄生，在进行微生物检查时，只有发现大量菌落和病变时才有诊断意义。

### 主要防治方法

平时注意改善饲养管理和环境卫生，防止饲养密度过高，经常通风，保持鹅舍环境干燥，提供清洁的饮用水。避免过多地使用抗菌药物，防止消化道正常细菌区系失调。环境消毒可用碘制剂、甲醛等消毒药，进行定期消毒。

本病常用制霉菌素治疗，按每千克饲料加 0.1 克，连用 2～3 天；或让病鹅口服 1∶2000～1∶3000 的硫酸铜水溶液，连饮 1 周。

## （三）寄生虫病

### 1. 球虫病

侵害鹅的球虫有多种，多数寄生于肠道，损害肠道功能；这些球虫单独感染时，有些种类（如艾美耳球虫 *E. anseris*）可引起严重发病，而另一些种类则致病力较弱，但在混合感染时也可严重致病。也有寄生于鹅肾脏的截形艾美耳球虫（*E. rucata*），毒力很强，严重破坏肾组织，致死率很高，这种球虫病在我国还未见有病例报道。

### 发病（流行）特点

鹅的肠道球虫病虽然并不经常发生，但发生的病例多为暴发型，尤其是 2～7 周幼鹅，发病率可高达 90% 以上，常呈急性经过，病程 2～3 天，死亡率因感染日龄等因素不同，一般从 10%～80% 不等，多为混合感染。肾脏球虫病致死率很高，可达 80% 以上，常见于 3 周至 3 月龄幼鹅。球虫病发病季节与气温和湿度有着密切的关系，以 5～9 月等湿热的月份里发病率最高。球虫病传播途径主要是被病鹅或带虫鹅粪便污染的饲料、饮水、土壤或用具以及人员等，鹅吃了被球虫孢子化卵囊污染的饲料或饮水等而感染。

### 临床症状

患肠道球虫病的病鹅呈现出血性肠炎症状，食欲缺乏，精神委靡，羽毛松乱，腹泻，消瘦，离群呆立或卧地。特征性的表现是下血痢，粪稀中带有红色黏液甚至是血，重者可因衰竭而死亡。

肾球虫病表现精神委顿，翅膀下垂，食欲缺乏，极度衰弱和消瘦，离群呆立或卧地昏睡。重症幼鹅病死率颇高。

### 剖检病理变化

肠球虫病可见病鹅小肠肿胀，呈现出血性卡他性炎症，尤以小肠中段和下段最为严重，肠黏膜出血，肠内充满稀薄的红褐色液体；肠壁增厚、黏膜脱落，出现糠麸样纤维素性坏死性肠炎，同时有白色结节。球虫引起盲肠炎时，盲肠黏膜出血、增厚，肠腔内可积有血液。

肾球虫病可见肾肿大，呈灰黑色或红色间有白色，肾脏上有出血斑和点状或条纹状灰白色病灶，内含白色尿酸盐沉积物和大量球虫卵囊；肾小管肿胀，内含卵囊、崩解的宿主细胞和尿酸盐。

### 诊断

根据发病特点、临床症状、病理变化和查到虫体或虫卵而作出诊断。从病死鹅的肠道病变部位刮取少量黏膜和黏液放在载玻片上，与1～2滴生理盐水均匀混合，加盖玻片，用显微镜检查；或取少量病料做成涂片，用瑞氏液或姬姆萨氏液染色，在显微镜下检查；如见有大量圆球形球虫裂殖体或香蕉形的裂殖子，或同时出现有卵圆形的卵囊即可确诊。

### 主要防治方法

鹅舍应保持清洁干燥，定期清除粪便，防止饲料和饮水被粪便污染，饲槽和饮水用具等经常消毒。实施全进全出、彻底清场消毒的制度，定期更换垫料和更换运动场地新土等。存在本病的养殖场，在球虫病流行季节，可选用预防球虫病的药物饲料添加剂混于饲料中喂服进行预防。

一旦发病，可用氨丙啉、氯苯胍、盐霉素、磺胺 -6- 甲氧嘧啶等抗球虫药，按照药物使用说明书进行治疗。

## 2. 绦虫病

本病是鹅的常见寄生虫病，轻度感染可影响鹅的生长发育，严重感染时可导致鹅的死亡。病原主要是剑带绦虫、膜壳绦虫、片型皱褶绦虫等，虫体呈带状、扁平、分节片，不同的绦虫虫体长短不一，长的有数十厘米，短的为数厘米。

### 发病（流行）特点

绦虫的中间宿主为剑水蚤、蚯蚓，此外，淡水螺可作为某些膜壳绦虫的中间宿主。鹅吞食了中间宿主而感染，绦虫在肠内发育成熟。本病常为散发，主要侵害2周至5月龄的雏鹅，成年水禽也可感染，但症状一般较轻。温带地区多在春末与夏季发病。

### 临床症状和剖检病理变化

感染严重时，雏鹅表现明显的全身症状。病鹅首先出现消化机能障碍，出现淡绿色水样下痢，可混有白色绦虫节片；食欲减退、到后期绝食，生长停滞，消瘦，精神委靡，不喜活动，离群，共济失调，腿无力，向后面坐倒或突然向一侧跌倒，不能起立，一般在发病后的1～5天死亡。当大量虫体聚集在肠内时，可引起肠管阻塞；虫体代谢产物被吸收时，可出现痉挛、精神沉郁、贫血与渐进性麻痹而死。剖检病理变化主要为小肠发生卡他性炎症与黏膜出血，其他器官浆膜组织也常见有大小不一的出血点，肠道内有数量不定的绦虫寄生。

### 诊断

根据发病特点、临床症状、病理变化进行诊断，肠道内发现虫体或者粪便检查发现虫卵即可确诊。

### 主要防治方法

使用人工水池的应定期更换池水，保持池水新鲜，以免剑水蚤滋生。幼雏与成年鹅应分开饲养、放牧。对感染绦虫的鹅，应有计划地进行驱虫。

驱虫可逐只按照药物使用说明书规定剂量，一次性口服丙硫苯咪唑或吡喹酮；全群驱虫时，治疗量混料喂服。

## 3. 住白细胞原虫病

引起鹅发生本病的主要是西氏住白细胞原虫，临床上以严重贫血、消瘦为特征。

### 发病（流行）特点

本病发生有明显的季节性，蚋属吸血蝇是本病的传播媒介，所以多发于温暖潮湿的蝇等吸血昆虫活动频繁的季节。主要危害幼鹅，发病急、死亡率高，本病暴发时死亡率可达70%以上；成年禽发病者死亡率低，常成为带虫者。

### 临床症状

雏鹅呈急性发病，精神沉郁，无食欲，羽毛松乱，呼吸困难，伏地不动，有的在发病后24小时内死亡，后期消瘦、贫血，外表皮肤苍白。成年鹅很少呈急性发病，仅出现精神不振、食欲下降、产蛋量减少等常见性临床症状，死亡率也低。

### 剖检病理变化

肌肉（胸肌、腿肌、心肌）苍白，并可有大小不一的出血囊点；肝、胰腺、腺胃、肠等内脏器官浆膜面有数量不定的出血小囊或有白色小结节；肾严重出血常呈紫黑色；肝、脾肿大，血液稀薄。

### 诊断

根据发病特点、临床症状和病变可作出初步诊断。确诊应采取病鹅血液涂片，姬姆萨染色，镜检查找虫体或从内脏、肌肉上采取小的结节压片镜检找虫体；亦可做组织切片查找虫体。

### 主要防治方法

预防本病，重点是消灭蚋等昆虫传播媒介，切断传播途径。南方地区4～10月，北方地区7～10月是传播媒介活动季节，此时，可用0.1%的除虫菊酯喷洒鹅舍及周围环境，每周喷洒1～2次以杀灭蚋等昆虫。

一旦鹅群发病，可用磺胺 -5- 甲氧嘧啶等磺胺类药物按药物使用说明书规定用量拌入饲料，连用 5～7 天。

### 4. 组织滴虫病

本病是由组织滴虫属火鸡组织滴虫引起的以肝脏和盲肠坏死溃疡为特征的原虫病。这种病主要感染发生于鸡，但目前发现鹅也有感染发病，并出现与鸡相似的病症。

**发病（流行）特点**

本病常为散发，主要发生于 3 周龄以上的幼鹅。

**临床症状和剖检病理变化**

潜伏期 1～2 周，患鹅表现为精神不振，行动迟钝，食欲减退或废食，排黄色稀粪。

典型病变主要在肝脏和盲肠。病死鹅肝脏肿大，表面有数量不定、白色或淡褐色、圆形或不规则形、中央下陷、边缘稍隆起的特征性坏死灶。盲肠浆膜和黏膜发生干酪样坏死或并有出血，在浆膜和黏膜面产生灰黄色、突出于表面的干酪样坏死物，或并有紫红色出血灶，严重的在肠腔内形成干酪样栓子，整个盲肠肿胀，肠壁增厚；盲肠黏膜发生坏死和溃疡，有的发生严重溃疡而穿孔，引起腹膜炎；急性病例盲肠发生急性出血性肠炎。

**诊断**

根据发病特点、临床症状和特征性的剖检变化可作出初步诊断。确诊应进行实验室检验，可刮取病变肝组织或盲肠黏膜表面的黏液及粪便放入适量生理盐水，混匀后取中上层悬液镜检，发现组织滴虫虫体即可确诊。盲肠病变应注意与盲肠球虫病等鉴别。

**主要防治方法**

预防本病重点是定期更换垫料和饲养场地的浮土，保持场地清洁卫生，实施全进全出、彻底清场和消毒的饲养方式，雏鹅和成年鹅应分开饲养。本病较严重的养鹅场应定期对鹅群进行驱虫。

对发病鹅群的治疗,可按照药物使用说明书规定剂量将甲硝唑加入饮水中,连喂 7 天后停药 3 天再饮用 7 天;或者将异丙硝咪唑混入饲料,连用 7 天。

### 5. 主要几种吸虫病

吸虫病是危害养鹅业较为严重的一类寄生虫病。吸虫有多种,吸虫形态、结构多为背腹扁平,呈叶片状或舌状,偶有呈线状或圆柱状,表面光滑有鳞样小刺;随种类不同,虫体大小不一,长度为 0.3~75.0 毫米,体色一般为乳白色、淡红色或棕色。虫体前端有口吸盘通消化道,腹面有腹吸盘(为吸附器官)。虫体不分体节,多细胞,无体腔,缺肛门,消化系统简单,无循环,大多雌雄同体。引起鹅发病的常见为后睾吸虫、棘口吸虫、前殖吸虫、嗜眼吸虫、背孔吸虫、舟状嗜气管吸虫等。

**发病(流行)特点、临床症状和剖检病理变化**

吸虫病常为散发,但也可同时出现多个病例。因感染虫类不同,发病特点不一样;因不同吸虫在鹅体内寄生部位不同,引起疾病的临床症状和病理变化也不一样。

(1)后睾吸虫病:本病在 1 月龄以上雏鹅感染率最高,鹅食入了含有后睾吸虫囊蚴的鱼类而感染,食入体内的囊蚴在鹅胆管发育成虫并寄生,寄生的虫体数量不一,多的可达数百条,有的鹅胆管可被虫体充满。后睾吸虫有许多虫种,不同虫种的大小有差异,长为 1~20 毫米、宽为 1 毫米左右,呈叶片状或线状。感染该虫体后,病鹅表现为食欲下降、消瘦、在水中游走无力、缩颈闭眼、精神沉郁;严重时,羽毛松乱、食欲废绝、呼吸困难、贫血、下痢,并引起死亡。剖检除胆管内可见到虫体外,还有肝脏肿大,并发生脂肪变性或坏死,胆管增生变粗;胆囊肿大,囊壁增厚,胆汁变质。病程长的发生肝硬化。

(2)棘口吸虫病:这是一种人畜共患病。引起感染发病的虫种为卷棘口吸虫、宫川棘口吸虫等,鹅食入了含有棘口吸虫囊蚴的鱼、螺、蛙等而感染,食入体内的囊蚴在鹅肠道内发育成虫,并寄生。棘口吸虫寄生引起肠黏膜发炎、出血和下痢,导致食欲缺乏、机体消瘦、贫血等;

剖检可见肠道黏膜有出血病灶、肠内容物有大量黏液，黏膜上有大小为（7.60～12.60）毫米×（1.26～1.60）毫米的红色扁条状虫体。

（3）前殖吸虫病：本病多见于春夏两季，常呈地方性流行，华东、华南地区多发，但全国各地都有。鹅食入了含有前殖吸虫囊蚴的蜻蜓幼虫和稚虫而引起，食入体内的囊蚴在鹅的输卵管和幼鹅法氏囊、直肠（泄殖腔）内发育成虫并寄生，偶见寄生于蛋内。前殖吸虫有数种，虫体长有数毫米不等、宽也有1毫米以上，呈芝麻形或梨形。病鹅初期症状不明显，有的产薄壳蛋；随后食欲减退、机体消瘦，腹部膨大，步态不稳，虫体附着在输卵管黏膜上，破坏壳腺、蛋白腺功能，引起蛋壳形成机能改变，蛋白分泌过多，从而产生各种畸形蛋（无卵黄蛋、无蛋清蛋、软壳蛋等），或从泄殖腔直接排出石灰质、蛋白质等半液状物质，并可引起输卵管炎（管内可见到虫体）、卵黄性腹膜炎，造成死亡。耐过鹅有一定免疫力，再感染时虫体不侵害输卵管而随蛋白质进入蛋内，可在蛋的蛋清内见到虫体。

（4）嗜眼吸虫病：本病是鹅食入了从螺类逸出的嗜眼吸虫尾蚴包囊而引起，食入体内的尾蚴在鹅的眼内发育成虫并寄生。因虫种不同，虫体长有数毫米不等，有些宽为不足1毫米，有些宽可达2毫米以上，呈叶片状。感染后引起鹅结膜炎和眼睑水肿，出现流泪、结膜充血潮红，同时有食欲下降、不安、摇头、用爪不断搔眼等表现，后期眼紧闭，眼内充满脓性分泌物，有的角膜混浊或溃疡、失明而饿死。出现眼睛病变的病种较多，只有剖检发现眼内有虫体才可作出诊断。

（5）背孔吸虫病：本病是鹅食入了含有背孔吸虫囊蚴的螺类而引起，食入体内的囊蚴在鹅的盲肠和直肠内发育成虫并寄生。因虫种不同，虫体长有2～5毫米不等、宽为1毫米左右，呈长椭圆形。感染该虫体后导致鹅贫血和发育受阻。剖检病鹅除在肠道内可见到虫体外，还有肠黏膜常受到损伤。

（6）舟状嗜气管吸虫病：本病是鹅食入了含有舟状嗜气管吸虫尾蚴的螺类而引起，食入体内的尾蚴在鹅的气管内发育成虫并寄生。虫体两端钝圆呈椭圆形，长6～12毫米、宽2～5毫米，呈暗红色或粉红色。

感染的病鹅会不断地咳嗽及甩头，严重的出现伸颈张口呼吸，可因窒息而死；用多种抗生素治疗不见任何效果。剪开鹅的气管，可见黏膜上有多个肉色的虫体附着。

### 诊断

各种吸虫病的诊断方法基本一致，在观察临床症状和剖检变化后，主要剖检这些吸虫相应的寄生部位查到虫体即可确诊；也可检测粪便中的虫卵进行诊断。

### 主要防治方法

各种吸虫病的预防措施是搞好环境卫生，及时清理粪便并作堆积发酵，以杀灭虫卵。水禽要按年龄分群饲养，推广幼禽舍饲。对吸虫病流行区域，定期清塘（水）消毒，对鹅每半月可用阿苯达唑（丙硫咪唑）按照规定剂量作一次预防性驱虫。不到不安全水域放养，不生喂有感染吸虫囊蚴的贝类、蝌蚪和鱼类、水草等。

治疗吸虫病的药物有多种。治疗后睾吸虫病、背孔吸虫病、前殖吸虫病等，可用阿苯达唑（丙硫咪唑）或吡喹酮按药物使用说明书规定剂量口服。治疗棘口吸虫病，可用二氯酚或用吡喹酮按药物使用说明书规定剂量口服。治疗嗜眼吸虫病，可用75%的酒精点眼4～6滴杀死虫体。

## 6. 蛔虫病

本病是由于鹅吞食侵袭性蛔虫卵后而引起的一种肠道寄生虫病。感染蛔虫后，主要会影响鹅的生长，严重的也可引起雏鹅死亡。蛔虫卵对消毒药有较强的抵抗力，在阴冷潮湿的地方可存活很长时间，但在干燥、阳光、高温下易被杀死。

### 发病（流行）特点

幼龄雏鹅最易感染，随日龄的增大，感染性逐渐下降。蛔虫主要寄生于小肠，其虫卵随粪便排出体外，在外界适宜的环境中发育成带有侵袭性的虫卵，侵袭性蛔虫卵污染饲料和饮水，成为传播本病的主要途径。

### 临床症状

患鹅表现为厌食，生长发育不良，消瘦，行动迟缓或呆立；羽毛粗乱，两翅下垂，颜面苍白，下痢和便秘交替出现，严重的在粪便中可见有虫体，粪便检查可见有多量的蛔虫卵，严重的最后衰竭而死。

### 剖检病理变化

幼虫侵入肠黏膜时，引起黏膜出血和发炎，肠壁上可见有颗粒状化脓灶或形成结节；成虫大量寄生时，肠道内的蛔虫可互相缠绕在一起，严重的会阻塞肠道，甚至引起肠破裂和腹膜炎。有的病例，在腺胃和肌胃内也有蛔虫。

### 诊断

根据临床症状结合粪便检查发现虫卵或者在肠道内发现成虫而作出诊断。

### 主要防治方法

预防本病发生重在加强卫生与管理。做好饲槽和饮水器等一切用具的清洁卫生工作，实行全进全出、彻底清场的养殖制度，粪便和垫料清理后堆积发酵，以杀灭虫卵。加强饲养管理，保持场地干燥，饲料中保证维生素 A 和 B 族维生素的含量，以提高鹅的抵抗力。在本病存在较重的场（户），可应用左旋咪唑、噻苯达唑（噻苯唑）、伊维菌素，按照药物使用说明书规定剂量进行定期驱虫。

对感染蛔虫的病鹅，可使用上述药物进行治疗。

## 7. 异刺线虫病

本病是由鸡异刺线虫寄生于鹅等禽类盲肠内而引起的寄生虫病，鸡异刺线虫除可对禽类致病外，其虫卵还能携带组织滴虫，使禽类发生盲肠肝炎（组织滴虫病）。

### 发病（流行）特点

本病多为散发，也可群体发病。被鸡异刺线虫虫卵污染的泥土、饲槽等为主要传播途径。寄生的鸡异刺线虫发育成熟后在禽类盲肠内产卵，虫卵随粪便排出体外，环境条件适宜时，继续发育变成感染性虫卵，鹅食入感染性虫卵而感染发病。

### 临床症状和剖检病理变化

患鹅表现为消化不良、消瘦、食欲缺乏、贫血、下痢和精神委顿，雏鹅通常生长发育停滞、消瘦、羽毛无光泽。剖检常见有特征性病变，表现为盲肠鼓气，透过肠壁可见肠内有乳白色半透明的呈 S 形或卷曲状的许多细小线状虫体。异刺线虫可成团生长于盲肠内，引起肠黏膜发炎、增厚和溃疡。

### 诊断

根据临床症状和剖检在盲肠内见到虫体即可确诊。

### 主要防治方法

预防本病重点是搞好环境卫生，避免鸡与鹅混饲，实行全进全出、彻底清场消毒的养殖制度，及时清除粪便，堆积发酵，以杀灭虫卵，在本病多发的养殖场（户）应定期用驱虫药开展预防性驱虫工作，每年2～3次。

一旦鹅群发病，可选择左旋咪唑、丙硫苯咪唑或甲苯唑等驱虫药，按照药物使用说明书规定剂量和使用方法进行治疗。

## 8. 螨虫病

鹅的螨虫病是鹅的一种体外寄生虫病，有资料认为，寄生于鹅皮肤上的螨虫，可有恙螨、鸡刺皮螨、突变膝螨等，并吸取营养、损伤皮肤，导致鹅皮肤发炎、发痒不安、营养不良等。螨虫形态因不同种类有一定差异，多呈圆形或卵圆形，背腹扁平，有头和躯体两部分，四周有长短不一的鳌肢（刚毛），成虫在1毫米以上，幼虫不足1毫米。

### 发病（流行）特点

环境中存在螨虫是造成大量鹅感染发病的主要原因，螨虫特别是成虫，除在鹅身上寄生外，可在环境中包括围栅、鹅巢木板缝隙以及堆积杂物中聚集。本病既有散发，也可出现群发性。

### 临床症状

病鹅贫血、消瘦。因患部奇痒常导致病鹅自啄患部皮毛，引起羽毛断裂、脱落，并使皮肤发生痘疹状病灶，病灶周围隆起；虫体寄生多时，发炎的皮肤布满了结节，皮肤粗糙增厚。突变膝螨常寄生在腿脚部，使腿脚皮肤发炎、结痂，呈鳞皮状。细致检查有时还可见到螨虫，当螨虫吸足血液后可在皮肤上见到红色小点。

### 诊断

根据临床症状，用凸刃刀片蘸上50%的甘油后刮取病鹅翅膀、腿、腹部等患部发炎组织，放在显微镜下检查是否有螨虫存在而作出诊断。

### 主要防治方法

为预防本病，在多发的鹅场应定期用菊酯类杀虫剂喷洒鹅舍环境、用具等；实行全进全出、彻底清栏消毒的管理方式，在使用前所有用具应清洗消毒。

一旦发现病鹅，要立即剔除隔离，对受螨虫侵袭的鹅群，用杀虫剂按照药物使用说明书规定剂量稀释后进行药浴，药浴以鹅全身羽毛全部得到浸泡为度，但要注意避免头部浸入药液，防止吸入药物中毒。

病鹅患部用20%的硫黄软膏涂敷，如果患部有脓肿，可先用5%的苯酚（石炭酸）溶液涂擦，再用碘酊涂敷；或对病鹅按药物使用说明书规定剂量口服或肌肉注射伊维菌素，间隔5～7天重复用药，多次用药才能彻底治愈，但须注意防止药物中毒。在饮水中加入电解质和口服补液盐，以减少应激，补充营养，防止继发感染。

## 9. 鹅羽虱

鹅羽虱是寄生于鹅体表皮肤和羽毛上的体外寄生虫，常引起鹅脱毛、羽毛折断等而发病，严重感染时还影响鹅的生产性能。虱子呈淡黄色或灰褐色，大小不一，长度由不足1毫米到6毫米以上，一般为1～4毫米，分头、胸、腹三部分，无翅，背腹扁平。虫卵则细小，需细致观察才可发现之。

### 发病（流行）特点

各种日龄鹅都易感染。雏鹅感染后生长发育受到明显影响，成年鹅耐受力强，危害程度轻。羽虱可寄生于全身各羽毛上，但主要寄生在头和颈部绒毛以及翅膀腹面的绒毛上。羽虱主要是啮食宿主的羽毛和皮屑。羽虱发育分卵、幼虫、成虫三个阶段，均在鹅体表进行，终生不离鹅体。成虫的产卵以胶质黏附于羽毛上孵出幼虫，幼虫3次脱皮变为成虫。虱的寿命只有几个月，一旦离开宿主，它们只能存活数天。本病既有散发，也可出现群发性。多发于环境差的鹅场和不下水活动的鹅。

### 临床症状

感染鹅群骚动不安，鹅有痒感而引起自啄发痒部位的皮毛，引起寄生部位皮肤发炎、粗糙、皮屑增多、羽毛折断和脱落等，继而引起贫血消瘦、食欲不佳，产蛋鹅产蛋下降。仔细检查可发现鹅的皮毛上有移动的虱子。严重感染时，体质日衰，抵抗力降低，甚至引起死亡。

临床上曾发现羽虱还可进入到耳内寄生、引起耳道发炎和出血的病例。初期炎症渗出液从耳内流出，导致耳朵周围羽毛湿润，在耳部形成局灶性的污染面；病重的从耳朵内流出血液，使周围羽毛血染成红色；更严重的是发炎肿胀，并随着血液凝固结痂，在耳部形成凸起的结痂物；有的病鹅因耳朵不适，不断在背部擦拭，导致流出的血液污染背部和头部的羽毛而成红褐色。

### 诊断

根据临床症状、在鹅体表皮肤和羽毛上观察到虱或镜检发现虱卵可作出诊断。

### 主要防治方法

鹅场应采取全进全出、彻底清场消毒的养殖方式。鹅出栏后，对鹅棚、鹅舍、鹅活动场所进行彻底消毒杀虫一次，7天后才进苗鹅。苗鹅进场前，宜先隔离检疫，发现羽虱，应淘汰；如需要治疗可对鹅进行两次药浴，鹅棚、鹅舍、鹅活动场所进行两次全面喷杀虫药，经治疗后检不出羽虱才可让苗鹅入场。

杀虫可选用美曲膦酯（敌百虫）、双甲脒乳油剂、速灭菊醋乳油剂等，按照药物使用说明书规定剂量稀释后进行药浴，药浴以鹅全身羽毛全部得到浸泡为度，但要注意避免头部浸入药液，防止吸入药物中毒；为提高治疗效果，宜连续治疗两次，间隔7~10天。在鹅群治疗时，鹅舍、活动场所应同时喷洒药物杀虫，防止重复感染。

注意用药安全，特别是美曲膦酯（敌百虫）对鹅较敏感，雏鹅不宜使用。

## （四）营养性疾病

### 1. 维生素A缺乏症

维生素A缺乏，可导致角膜、结膜、气管、食道黏膜角质化，引起夜盲症、眼干燥症（干眼病）、生长停滞等病症。

**发病特点**

本病常为群发性。本病在以放牧饲用青绿饲料的鹅一般不会发生，主要见于圈养舍饲以人工饲料为主的鹅群。发生的原因常是饲料中缺乏维生素A或添加量不足，或是患有慢性消化道病、肝病，妨碍维生素A在鹅肠道内吸收，或饲料存放时间过长使维生素A损失，或鹅群长期少食含有胡萝卜素的青饲料等。

**临床症状**

雏鹅发生维生素A缺乏症时，生长发育严重受阻、增重缓慢甚至停止，病鹅表现倦怠、衰弱、消瘦、羽毛蓬乱；由于骨骼发育受阻，病雏鹅运动无力、行走蹒跚，出现两腿不能配合的步态，继而发生轻瘫甚至完全瘫痪。脚蹼、喙部的黄色素变淡，呈苍白色、无光泽；急性型病雏一侧或两侧眼流泪或分泌物增多，继而角膜混浊发白甚至呈干酪样，导致角膜穿孔和眼前房液外流，最后眼球干瘪萎缩下陷、失明，直至死亡。产蛋鹅维生素A缺乏时，除出现上述眼睛的变化外，病母鹅消瘦、衰弱、羽毛松乱，产蛋量显著下降，蛋黄颜色变淡，种蛋出雏率下降、死胎率增加。

种公鹅患病出现性机能衰退症状。

### 剖检病理变化

病死雏鹅剖检可见消化道黏膜尤以咽部和食道出现弥散性点状隆起的白色坏死灶,不易剥落,有的呈白色假膜状覆盖;眼睑粘连、内有干酪样渗出物;肾脏有尿酸盐沉积而肿大、颜色变淡,呈花斑样,输尿管充满尿酸盐;严重时心包、肝、脾等内脏器官表面也有尿酸盐沉积。

### 诊断

根据发病特点、临床症状、剖检病理变化并结合饲料化验可作出诊断。

### 主要防治方法

对圈养舍饲以人工饲料为主的鹅群,平时要注意饲料多样化,保证足够的青饲料或禽用多维素。根据季节和饲源情况,冬春季节以胡萝卜为最佳,其次为豆科绿叶;夏秋季节为绿色蔬菜、南瓜等;一旦发现患维生素A缺乏症的病鹅,应尽快在日粮中添加富含维生素A的饲料,如在配合饲料中增加黄玉米的比例,青绿饲料饲喂不可间断。必须注意的是,维生素A是一种脂溶性维生素,热稳定性差,在饲料的加工、调制、贮存过程中易被氧化而失效,应防止饲料酸败、发酵、产热。

外源性维生素A在体内能够被迅速吸收,因此,及时治疗可取得良好效果。对发病鹅群,可在每千克饲料中添加1万单位维生素A进行饲喂;对个别病鹅可肌肉注射鱼肝油1毫升/只的方法进行治疗。

## 2. 维生素$B_1$(硫胺素)缺乏症

维生素$B_1$(硫胺素)缺乏会导致神经组织和心肌代谢功能障碍,主要表现出神经紊乱的症状。

### 发病特点

本病常为群发性。维生素$B_1$在青绿饲料中含量丰富,自然放牧鹅基本不会缺乏。但在冬季以人工饲料为主且品种单一的情况下鹅可发生本病,经常使用某些抗球虫药如氨丙啉等拮抗剂时也会导致维生素$B_1$缺乏,也因长期添加抗生素、磺胺类药物使肠道内菌群失调导致硫胺素合成吸收功能降低而减少。

### 临床症状和剖检病理变化

病雏鹅精神委靡，食欲下降，消瘦，羽毛蓬乱无光；腿软无力，步态不稳，行走时身体失去平衡，常跌撞几步后即蹲下或跌倒于地上；头有时偏向一侧，并出现团团打转，或漫无目的地奔跑，或突然跳起等各种神经症状，且常呈阵发性发作；有时在水中因病发作而被淹死。该病发作突然，一天发作多次，病情一次比一次严重，最后全身抽搐，呈角弓反张或其他神经症状而死。产蛋鹅发生维生素$B_1$缺乏症时病程较长，表现为采食减少、消瘦、羽毛蓬乱、步态不稳等，种蛋的孵化率下降，孵出的部分雏鹅常出现维生素$B_1$缺乏症的临床症状。

病死鹅皮下胶冻样水肿，肾上腺肥大（母鹅更明显）；胃、肠黏膜轻度炎症，十二指肠溃疡；心肌萎缩，右侧心腔扩张松弛；生殖器官萎缩。

### 诊断

根据发病特点、临床症状和剖检病变，一般可作出初步诊断。但确诊应通过对饲料的分析；也可进行治疗性诊断，以维生素$B_1$针剂注射病鹅有明显的治疗效果即可诊断为本病。

### 主要防治方法

预防重点在于消除引起本病的因素，在以饲喂人工饲料为主时应保证维生素$B_1$的含量，使用抗球虫或抗菌药物的期限不宜过长等。

鹅群一旦发病，应及时增加富含维生素$B_1$的饲料，或按每50千克饲料添加维生素$B_1$ 1～2克，连用7～12天。对于症状明显者，也可肌肉注射维生素$B_1$，雏鹅2毫克，成年鹅5毫克，每天1次，连用5～7天。

## 3. 维生素$B_2$（核黄素）缺乏症

维生素$B_2$（核黄素）缺乏，会导致多种机能障碍，多发生于雏鹅，呈现脚趾卷曲和麻痹的典型症状，所以维生素$B_2$缺乏症又称卷趾麻痹症。

### 发病特点

本病常为群发性。维生素$B_2$在鹅体内很少贮存，必须经常从饲料中

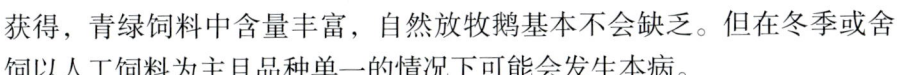

## 三 常见鹅病的诊断与防治

获得，青绿饲料中含量丰富，自然放牧鹅基本不会缺乏。但在冬季或舍饲以人工饲料为主且品种单一的情况下可能会发生本病。

### 临床症状和剖检病理变化

病雏主要表现为消化机能混乱、生长缓慢、消瘦、贫血、衰弱、羽毛蓬乱、绒毛稀少，严重时出现拉稀。特征性症状是趾蹼向内卷曲似握拳状、不能站立，或以跗关节着地行走或瘫痪不起、两翅展开，最后衰竭死亡。病鹅虽有食欲，但因无法行走站立采食或被踩而死。成年鹅主要表现为产蛋率及蛋的孵化率显著降低。

剖解可见坐骨神经和臂神经显著变粗。胃肠道黏膜萎缩、肠壁变薄、肠腔内有泡沫状内容物。

### 诊断

根据发病特点、临床症状和剖检变化可作出诊断，必要时可进行饲料中维生素 $B_2$ 含量的测定。

### 主要防治方法

预防本病发生的关键是保证青绿饲料的供应，在以人工饲料为主时确保日粮中添加足够的维生素 $B_2$，每千克雏鹅饲料中添加 3.6 毫克、育成鹅添加 1.8 毫克、产蛋鹅为维持健康和产蛋的需要应添加 2.2～3.8 毫克。

当鹅群发病后，应及时添加维生素 $B_2$，按 50 千克饲料添加 1 克维生素 $B_2$，连用 7～10 天。对于症状明显的病鹅，可用维生素 $B_2$ 针剂注射或口服，每只 3～5 毫克，连用 3～4 天。

## 4. 佝偻病（钙、磷及维生素D缺乏或比例失调）

本病是由于钙、磷及维生素 D 缺乏或比例失调引起的营养代谢病，病鹅主要表现为骨骼发育不良变形，严重影响鹅的生产性能。

### 发病特点

本病常为群发性。主要发生于圈养的以人工饲料为主的各种日龄鹅群，但发病的迟早以及出现的症状则取决于种蛋内所含维生素 D、钙和磷贮备量的多少以及雏鹅饲料中维生素 D 或钙和磷的缺乏程度。如果种蛋中缺乏维生素D或钙、磷，雏鹅日粮中又继续缺乏上述元素，雏鹅在1周龄左右即可出现症状。

### 临床症状和剖检病理变化

雏鹅和青年鹅最初表现为生长缓慢；喙部色淡、变软，用手按压易扭曲；行走时步态僵硬，左右摇摆或频频趴卧。产蛋鹅主要表现为产蛋减少，蛋壳变薄、易碎，时而产出软壳蛋或无壳蛋；逐渐双腿软弱无力，严重时发生瘫痪；在产蛋高峰期或春季配种旺季，易被公鹅踩伤乃至死亡。有些病鹅长骨变弯，形成"O"形腿。

剖检病变主要是腿部长骨骨质钙化不良，变薄变软，骨髓腔变大。跗关节或骨端粗大，骨质疏松。脑壳变软，易按下；肋骨变软变形，呈结节状肿大、畸形弯曲等变化，严重的外观整个胸廓呈塌陷状态。

### 诊断

根据病鹅的临床症状、剖检病变和饲料分析进行确诊。

### 主要防治方法

平时应注意特别是圈养鹅和产蛋高峰期蛋鹅日粮中钙和磷的含量以及比例，同时因钙、磷的吸收代谢依赖维生素D，所以也要保证饲料中维生素D的含量。

治疗发病鹅群，应检测分析日粮中钙、磷及维生素D的含量，按照不同饲养阶段全价饲料配方要求立即将这些成分调整到合理水平。对严重的病鹅应分群隔离饲养，防止挤伤造成死亡。

## （五）中毒病

### 1. 磺胺类药物中毒

磺胺类药物是一类化学合成的药物，具有广谱的抗菌和抗球虫作用，临床上常用于预防和治疗多种细菌性疾病和鹅球虫病。此类药物的毒副反应比较大，如磺胺嘧啶（SD）、磺胺二甲基嘧啶（SM2）、磺胺间甲氧嘧啶（SMM）等比较容易引起急性中毒。这是目前较为常见的一种药物中毒性疾病。药物的主要毒副作用可引起尿酸血症、尿酸盐沉积、肾脏损害、中毒性肝病、血液病变、出血综合征、酸中毒、黄疸、过敏反应以及消化机能障碍等。

### 发病特点

本病多为群发性。磺胺类药物种类很多，各种磺胺药对动物的毒性强度根据其吸收程度和作用时间等而表现不同。由于用药剂量过大或服用时间过长、添加于饲料中搅拌不均、服用后未给予充足饮水等多种原因，都可导致鹅发生磺胺类药物中毒，严重的导致死亡。饮水和饲料中超过 0.2% 以上浓度的磺胺类药物对鹅就有毒性，雏鹅更为敏感。因磺胺类药物本身在体内代谢较为缓慢，不易排泄，当肝、肾有疾病时更易造成体内的蓄积而导致中毒。1月龄以内的雏鹅因体内肝、肾等器官功能不全，对磺胺类药物的敏感性较高，极易引起中毒。

### 临床症状

急性中毒主要表现为兴奋、拒食、腹泻、痉挛、共济失调、麻痹等症状。慢性中毒常见于连续用药超过 7 天时的鹅，表现为精神沉郁，食欲减少或消失，渴欲增加，贫血，生长受阻，黄疸；局部性肿胀，皮肤呈蓝紫色；羽毛蓬松，翅下有皮疹；大便拉稀，呈暗红色；并发全身出血性变化。发生肾脏病变的病鹅，常排出带有多量尿酸盐的灰白色粪便。产蛋鹅产蛋率下降。

### 剖检病理变化

主要的病理变化是以多个器官发生不同程度出血为特征。剖检可见皮肤、肌肉有出血斑点，常见胸肌呈弥漫性或涂刷状出血，肌肉苍白或呈透明样淡黄色，大腿肌肉有散在鲜红色出血斑点。肺淤血。肝脏肿大、呈紫红色或黄褐色，有时有出血点。胆囊肿大，充满浓稠绿色胆汁，有的胆汁中混杂着白色的尿酸盐。脾脏多肿大、淤血。病程稍长的，肾脏肿大、色淡，呈花斑样，输尿管充满尿酸盐。腺胃黏膜出血，肌胃角质层下有出血点。肠浆膜面有散在出血点，肠道黏膜呈弥散性出血，泄殖腔黏膜呈弥漫性出血。心肌出血常呈漆刷状。血液稀薄，凝固不良。

### 诊断

根据临床症状以及各主要器官不同程度出血为特征的病理变化，结合用药史进行综合分析可作出初步诊断。对可疑的饲料和病鹅的组织进行毒物检验分析作出确诊。

### 主要防治方法

选用磺胺类药物时要注意其适应症，严格按磺胺类药物的规定剂量使用，同类异名的药物不能同时使用，使用时间不宜过长，连续使用不能超过一周。加入饲料中的药应为药物饲料添加剂，并搅拌均匀；在用药期间，同时要适当补充小苏打和多种维生素，也必须供给充足的饮水。2周龄以下的幼鹅和产蛋鹅应避免使用磺胺类药物。鹅群一旦出现中毒症状，应立即停药，尽量让其多饮水，并可饮用1%的碳酸氢钠和5%的葡萄糖水溶液，连用3～4天。

## 2. 痢菌净中毒

痢菌净，学名乙酰甲喹，是人工合成的广谱抗菌药物。鹅对该药物较敏感，当使用剂量高于治疗量或长时间用药（超过5天）会引起不同程度的中毒或死亡。

### 发病特点

鹅群中出现部分鹅只中毒，常是因药物拌料不匀引起，尤其是雏鹅更为明显。重复、过量用药也是常见原因。发病时多为群发性，用药后中毒往往突然发生，死亡率极高。中毒前期表现的症状不明显，一旦出现死亡，后果往往很严重，造成大批死亡。中毒症状持续时间特别长，有的甚至持续10天以上。

### 临床症状

鹅发生痢菌净中毒时，表现为体温下降、拒食、消瘦、呆滞，排黄白色或黄绿色稀便，羽毛蓬松无光，喙、爪及面部发绀，常出现喙或（和）脚蹼皮肤起泡、溃烂、变形等过敏样症状；有的头部皮肤也发生过敏样皮炎。

### 剖检病理变化

腺胃肿胀、糜烂、出血,有陈旧性坏死灶;肠道黏膜呈弥漫性出血、充血;肝脏充血、出血和变性、呈暗红色、质脆易碎,胆囊充盈;肾脏出血,心脏松弛,心肌出血等病变。

### 诊断

根据发病特点、临床症状和病理变化,结合用药史可作出诊断,必要时应采集肝脏、心血和饲料送实验室进行药物含量检验进行确诊。

### 主要防治方法

本病无特效解毒药,主要以预防为主,关键是严格按照药物使用说明书要求合理使用痢菌净。发现有中毒现象,应该立即停止使用含痢菌净的饲料或饮水,淘汰并无害化处理症状严重的病鹅,鹅群可饮用5%的葡萄糖和0.05%~0.1%的维生素C混合水溶液,连用3~5天。

## 3. 喹乙醇中毒

喹乙醇又名喹酰胺醇、快育诺、保育诺等,是一种化学合成剂,鹅对此药极为敏感,极易导致发生中毒或蓄积性中毒。因其有许多毒副作用,目前国家已禁止在禽类中使用该药物。

### 发病特点

中毒常因用药量大、搅拌不匀、饮水给药或长时间用药引起。发生急性中毒时,常出现大量死亡。蓄积性中毒常在投药后20天左右出现零星死亡。中毒症状的严重程度与鹅的日龄有关,日龄越小的中毒越深,症状表现越早;日龄大的症状表现推迟。但相同日龄的则以强壮、采食量大的个体首先出现中毒症状。中毒后的鹅群即使已经停喂含喹乙醇的饲料,死亡仍会持续很长时间。

### 临床症状

鹅中毒后体温降低,常拥挤在一起取暖,低温季节症状更为明显。食欲减少或停食,口流黏液,腹泻,精神沉郁,羽毛蓬松。有的病例,喙、脚发紫。腿肌神经麻痹,腿软,早期勉强以关节着地行走,后期完全瘫痪,常可见关节红肿。有资料称，慢性中毒者易出现过敏症，即出现上喙或蹼背侧发炎，产生水泡、破裂、表皮脱离、变形上翻等。

### 剖检病理变化

口腔内有大量黏液。血液凝固不良呈深紫褐色。腺胃充血或出血，肌胃角质层下有出血变化，肠道尤其是十二指肠黏膜呈弥散性出血。肝重度黄染或淤血，质脆易碎。肾肿大淤血、出血，呈紫黑色。心脏扩张，心冠状脂肪和心肌表面有散在出血点，心包液增多。肺淤血。肌肉有出血斑点。卵巢发育停止、卵泡出血，严重的呈紫葡萄状（似一串紫葡萄）。有的病例，肝和肠道萎缩变细、变硬。有资料称，有的脾脏严重肿大或同时有出血。

### 诊断

根据临床症状、剖检病理变化，结合有喹乙醇使用史等可作出诊断，必要时可对饲料中药物含量进行检验分析。

### 主要防治方法

目前尚无有效的解毒药可用来治疗，预防措施就是不使用此药物。一旦发生中毒时，立即停用，并交替饮用0.1%～0.2%的碳酸氢钠水溶液和3%～4%的葡萄糖水溶液，以加强肾脏的排泄作用及肝脏的解毒功能；也可同时投喂相当于正常营养需要3～5倍的复合维生素或0.1%的维生素C水溶液。

## 4．呋喃类药物（呋喃唑酮、呋喃西林等）中毒

呋喃类药物是一类人工合成的抗菌药物，低浓度时有抑菌作用，高浓度时有杀菌作用，过去多用于防治畜禽的肠道感染、鸡白痢以及球虫病等。呋喃类药物主要有呋喃唑酮（痢特灵）、呋喃西林等。由于呋喃类药物的残留及明显的毒副作用，现在国家规定禁止该类药物在食用畜禽中使用。

### 发病特点

呋喃类药物安全指数低，尤其是对家禽特别敏感，其治疗量与中毒

量比较接近，由于用药剂量过大、拌药不均匀、连续用药时间过长（2周以上），或通过饮水途径给药等原因导致鹅发生中毒。呋喃西林毒性最大，中毒后常不出现临床症状就死亡。呋喃唑酮（痢特灵）进入鹅体内排泄缓慢，大约需一周时间，所以呋喃唑酮（痢特灵）用药剂量虽然不大，但因连续使用时间超过一周也能引起蓄积中毒。

### 临床症状和剖检病理变化

中毒多呈急性经过，雏鹅发生呋喃西林中毒时，不出现临床症状就突然死亡。呋喃唑酮中毒主要损害鹅的心脏，可引起腹腔积液，出现腹部膨大，站立或走路时两腿叉开等症状。

剖检可见腺胃黏膜脱落或同时出血，小肠黏膜充血、出血，肝脏充血、出血、肿大，有的可见心外膜有出血点，肾出血、坏死。病程较长的腹腔有积液，肺水肿，心肌失去弹性，心室显著扩张，右心室或（和）左心室壁变薄。

### 诊断

根据呋喃类药物使用史，并结合临床症状和尸体剖检病理变化可以作出诊断，必要时可对饲料中药物含量进行检验分析。

### 主要防治方法

目前无特效解毒药，关键在于预防，严禁给鹅使用该类药物。万一鹅发生中毒，立即停止饲喂含有此药的饲料，并可饮用5%的葡萄糖和0.1%的维生素C混合水溶液等。

## 5. 有机磷中毒

有机磷是一类毒性较强的杀虫剂，种类较多，有甲胺磷、对硫磷、乐果、美曲膦酯（敌百虫）等，在农业生产和环境杀虫方面应用较为广泛。鹅由于接触、吸入或采食有机磷农药污染的饮水、蔬菜、青草及其农作物引起中毒。

### 发病特点

多见于放养的鹅群。导致中毒的原因可能是采食了喷洒有机磷农药的农作物、青草等；或因有机磷农药保管不当污染了饮水和环境所致；或用有机磷驱杀鹅体表寄生虫而引起；或个别有人为投毒等原因。

### 临床症状

中毒常呈急性发作，引起病鹅神经、生理紊乱，主要表现为流涎、腹泻、瞳孔缩小、抽搐等胆碱能神经兴奋症状，可突然倒地急性死亡。病程稍长的表现为精神沉郁、不愿走动、食欲停止、大量流涎、流泪、下痢、瞳孔缩小、可视黏膜苍白、共济失调、两肢麻痹、两翅下垂、呼吸困难、肌肉震颤、抽搐等症状，最后因呼吸道被黏液堵塞窒息而倒地死亡。

### 剖检病理变化

剖检无明显特征性病变，主要为血液凝固不良，肺水肿，支气管内有白色泡沫，肝脏肿大、淤血。食入性中毒，胃肠道黏膜充血、弥漫性出血、黏膜脱落；胃内有大蒜样气味。

### 诊断

根据临床症状、胃内容物的气味以及毒物的调查情况进行初步判断。确诊应测定中毒鹅血液中的胆碱酯酶含量或取可疑饲料、胃内容物进行药物检验。

### 主要防治方法

保管好农药；禁止鹅群到喷洒过农药的地域放牧，防止鹅误食农药污染的稻谷、饮水；严格掌握使用有机磷驱虫剂的剂量。

对于中毒鹅应及时抢救，对症治疗。对中毒较重的病鹅，每只鹅大腿内侧肌肉注射硫酸阿托品1.5毫克，双复磷10毫克及10%的葡萄糖生理盐水2毫升；对中毒较轻的病鹅可肌注硫酸阿托品0.5毫克和10%的葡萄糖生理盐水2毫升；对尚未出现症状的鹅每只可口服0.1毫克阿托品。根据病情应持续使用解毒药品，如上述药物可每隔1～2小时重复使用一次，直至痊愈。鹅群发病后应尽可能查清毒物来源地，以防下次再中毒。

## 6. 食盐中毒

食盐（氯化钠）是家禽必需的营养物质，以维持机体体液渗透压和调节体液容量等功能，但食盐食入过多可引起中毒，临床表现为神经症状和消化紊乱。

### 发病特点

鹅发生食盐中毒的原因，常常是为治疗啄毛等啄癖症而添加食盐过多或拌料不匀而引起。幼小鹅对食盐的毒性作用较敏感，易中毒、病死率较高。中毒剂量因种别、个体大小、气候、饮水量多少及时间长短等不同有较大差异。

### 临床症状

病鹅精神沉郁，饮欲增强，口鼻流出大量的分泌物，下痢，呼吸困难；大多行走困难或不能站立走动，两脚无力，腿和翅膀麻痹甚至瘫痪；有的腹部膨大、双脚叉开站立；有的肌肉抽搐，常常头颈扭转；有的胸腹朝天倒卧、两脚胡乱划动，最后衰竭而死。

### 剖检病理变化

病鹅的食道内充满黏液，黏膜易脱落。腺胃和小肠有卡他性或出血性炎症。脑膜血管显著充血扩张，并常见有针尖大出血点。心脏扩张，心室壁变薄，心包积液，心外膜有出血点。腹腔积液，皮下组织和肺有水肿。

### 诊断

根据发病特点、临床症状及病理变化结合食盐添加史，可作出诊断，必要时应调查检测饲料中氯化钠的含量、血浆或大脑组织（湿重）中钠的含量进行确诊。

### 主要防治方法

严格控制饲料中食盐的含量并搅拌均匀，盐粒要细，保证供水不间断。若发现可疑食盐中毒时，立即停用可疑饲料和饮水，改换新鲜的饮用水和饲料；对已经中毒的，应间断地逐渐增加供给饮用水或淡糖水。

## 7. 有害气体中毒

常见的有一氧化碳中毒、氨气中毒、甲醛中毒，发病时多为暴发性。

**一氧化碳中毒**：主要发生在利用炭火加热的育雏室，尤其是寒冷的冬天或早春育雏，育雏室为保温而紧闭门窗、排气又不当，造成育雏室内一氧化碳浓度过高而引起雏鹅中毒，可造成大批死亡。雏鹅中毒初期表现兴奋不安或精神沉郁，呼吸困难，步态不稳，有的蹲伏，有的趴卧在地，羽毛蓬松，缩颈，严重的头向后仰、抽搐、震颤、角弓反张，瘫痪、昏迷，喙等呈粉红色或樱桃红色。剖检可见肝脏呈樱桃红色，血液凝固不良，脑血管充血扩展变粗等。

**氨气中毒：** 常因饲养密度太高、通风又不良，尤其在寒冷的冬天或早春为保温而紧闭门窗的情况下更易发生。中毒鹅表现呼吸急促，流泪，眼睑红肿等。剖检可见喉、气管黏膜充血并有黏稠的分泌物，肺水肿、充血等变化。

**甲醛中毒：** 鹅中毒，常是因栏舍密闭用甲醛进行熏蒸消毒后，在未彻底通风排净舍内甲醛气体情况下鹅就被赶入而引起，或者因在鹅舍内直接喷洒甲醛消毒液过多、门窗又紧闭而发生。中毒鹅表现为眼睑水肿、发炎、流泪。剖检可见气管出血、口腔和气管黏膜有坏死性假膜斑、肺水肿等变化。

防治上述中毒发生的主要方法，就是通风换气，采用柴（炭）火加热的育雏室，其排烟道设置要科学；可饮服5%的葡萄糖和0.1%的维生素C混合水溶液对病鹅进行治疗。

### 8. 黄曲霉毒素中毒

黄曲霉菌广泛存在于自然界中，在温暖潮湿的条件下，很容易在谷物（特别是玉米）以及其他饲草、饲料中生长繁殖并产生黄曲霉毒素。鹅常常因采食这些含有多量黄曲霉毒素的谷物等饲料而发生中毒，以导致肝脏损害、腹水和神经功能障碍为主要特征。

**发病特点**

鹅是食草动物，以青绿饲料为主，一般不会发生本病。但是，在冬天等缺少青绿饲料或舍饲的以人工饲料为主情况下，因食入发霉变质饲料也可发生本病。不同日龄的鹅对黄曲霉毒素的敏感性不同，幼鹅比成年鹅更为敏感，成年鹅耐受性较强，一般为慢性经过。常为群发性，食入有毒饲料数量与发病率成正相关。

### 临床症状

雏鹅中毒多呈急性,表现食欲丧失、精神沉郁、异常尖叫、步态不稳或跛行,喙和腿脚由于皮下出血而呈淡紫色。死前出现痉挛抽搐或倒地后头脚乱划,甚至角弓反张。慢性中毒的雏鹅,主要表现为食欲减少、消瘦、衰弱、贫血,严重者呈全身恶病质等现象。成年鹅中毒后多呈慢性经过,症状不明显,主要表现为精神沉郁、羽毛松乱、食欲减退;产蛋鹅则产蛋减少、产蛋期推迟。此外,慢性中毒者常因腹水而出现企鹅状行走(腹部膨大、两腿叉开)的现象。

### 剖检病理变化

发生急性中毒时,在病鹅腿部和蹼上有严重的皮下组织出血,肝脏肿大、出血和坏死,肝色泽变淡或呈淡黄色、土黄色、绿色,以左叶肝表现最为明显;肾肿大或有小出血点;此外,亦可见胰腺出血,腺胃黏膜也可出血,脾脏发生变性肿大、质脆易碎。慢性中毒者,肝脏发生变性坏死继之纤维化、硬变、萎缩,胆囊扩张,并常可见心包积液和腹水,这是因肝硬化而造成的;病程一年以上的可诱发肝癌或(和)胆管癌,肝上出现肿瘤性结节,也可引起其他组织脏器的癌变。一些发病母鹅其卵子出现严重病变,表现为发育严重受阻,大小基本一致,有的可发生变性。胸腺和法氏囊萎缩。

### 诊断

根据发病史、临床症状和病理变化等进行综合分析可作出初步诊断。确诊应通过实验室进行黄曲霉毒素测定。

### 主要防治方法

本病无有效治疗药物,应加强饲料保管,防止饲料发霉,严禁饲喂发霉饲料,尤其是发霉的玉米。若饲料仓库被黄曲霉污染,要用甲醛(福尔马林)溶液熏蒸或用过氧乙酸喷雾消灭霉菌孢子;对污染的用具、禽舍、地面可用20%的石灰水消毒或2%的次氯酸钠溶液消毒。一旦发现疑似黄曲霉毒素中毒,则应立即停止饲喂含有黄曲霉毒素的饲料,并供给以富含维生素的青绿饲料和维生素 A、D。对早期发现的可灌服绿豆汤、甘草水或高锰酸钾水溶液，以缓解中毒。

应注意，中毒病鹅或死鹅的器官组织中均含毒素，不能食用，应该深埋或烧毁；病鹅粪便中也含有毒素，应彻底清除，集中用漂白粉处理，以防止污染水源和饲料。

## （六）其他病

### 1. 中暑

中暑也称为热应激，是在高温、高湿的情况下，鹅的散热机制发生障碍、热平衡受到破坏而引起的一种急性疾病。如果发病后未能及时有效处理，可引起大批鹅死亡。

**发病特点**

发病时多为群发性。夏季气温太高或者暴雨之后湿度增大，鹅在高温高湿的综合作用下引起中暑。饲养密度过高、鹅舍通风透气性差、运动场所没有遮阴设施、饮水不足或者由于夏季戏水池水温升高均可促进本病发生。

**临床症状和剖检病理变化**

中暑后鹅会出现体温升高、蹲伏不愿走动、张口呼吸或伸翅散热等症状，随后会出现站立不稳、精神沉郁、阵发性昏迷麻痹。产蛋鹅产蛋量下降。解剖病死鹅可发现血液不易凝固，脑膜充血，有时也可见心肌出血，肝肿大、出血甚至坏死，有的肺发炎、渗出，胸腔中可积液等。

**诊断**

根据发病特点、临床症状和剖检变化进行诊断，注意与有关传染病鉴别。

**主要防治方法**

做好防暑降温工作，具体措施包括：在鹅舍旁2～3米处种树或丝瓜、爬墙虎等藤蔓植物；在运动场所搭建凉棚或遮阳网；供给充足清洁的饮水，当气温超过29℃时，可以在饮水或饲料中添加电解多维或水溶性维生素；在盛夏日中高温时，水浅的戏水池可能水温很高，此时应禁止鹅进入水池；高温时段对鹅舍屋顶喷水、地面洒水，也可以用适当的消毒剂对鹅实行喷雾消毒。需要注意的是，采取这些措施的前提是通风良好，否则反而会增加舍内空气湿度。

当发现鹅出现中暑症状后，应立即将鹅转入阴凉处或搭建遮阴棚、遮阳网。对中暑的鹅可针刺其脚部血管进行放血治疗；也可用凉水慢慢淋鹅的头部，并用2%的"十滴水"水溶液灌服5～8毫升；或者用鲜苦瓜叶、青蒿揉出汁灌服；亦可用藿香正气水，每瓶兑1千克水饮用或拌料0.5千克口服，连用3～5天。

## 2. 痛风

鹅的痛风是多种原因导致尿酸在体内大量蓄积，以致在关节、内脏和皮下结缔组织发生尿酸盐沉积而引起的一种蛋白质代谢障碍性疾病。临床上以行动迟缓、关节肿大、跛行、厌食、腹泻为特征，有时出现高的死亡率。

### 发病特点

本病发生时多为群发性。主要发生于青绿饲料缺乏的寒冬和早春季节或舍饲的鹅群，不同品种和日龄的鹅都可发生，但临床上主要见于雏鹅。本病发生的原因较为复杂，主要是大量饲喂含核蛋白和嘌呤碱过高的肉粉、鱼粉等蛋白质日粮后产生过多尿酸盐；或因维生素A严重缺乏而导致代谢障碍；或服用磺胺类、抗生素类药物过多，或重金属、霉菌毒素中毒，或饲料中钙和镁含量过高等因素损害肾脏，导致尿酸盐排泄障碍；也可因鹅舍拥挤潮湿阴冷、日光照射不足、缺乏饮水等影响尿酸盐排泄；发生鹅出血性肾炎肠炎时也会引起痛风。

### 临床症状

鹅的痛风多呈慢性经过。根据尿酸盐沉积部位的不同可分为内脏型痛风和关节型痛风，有些病例可出现混合型痛风。

**内脏型痛风**：此型比较多见。发病初期无明显症状，主要是呈现营养障碍。病鹅精神不振，食欲减退，经常排出白色半黏液状稀粪，内含有大量的灰白色尿酸盐，肛门附近常粘有白色的粪污。病鹅不愿活动，也不愿下水，或下水后不愿戏水。病鹅日渐消瘦，贫血，严重者可突然死亡。产蛋鹅的产蛋量下降，甚至停产，种蛋的孵化率降低或死胚增多。此型痛风的发病率较高，有时可波及全群。

**关节型痛风**：在发病初期，病鹅健康状况良好，由于尿酸盐在多个关节内沉积，使关节肿胀，引起跛行。后期关节处则形成硬而轮廓明显的、间或可以移动的结节，结节破裂后，排出灰白色干酪样尿酸盐结晶，局部出现出血性溃疡。有些病鹅翅、腿关节显著变形，活动困难，呈蹲坐或独肢站立姿势。

### 剖检病理变化

**内脏型痛风**：肾肿大、有尿酸盐沉积，呈现红白相间的花纹；输尿管变粗，管腔内充满石灰样沉积物，甚至出现肾结石和输尿管阻塞；有些病例输尿管内充塞着已经变硬的灰白色尿酸盐所形成的柱状物，将其取出易折断并发出声响。严重病例在胸腹膜、心、肝、脾、肠浆膜表面、肌肉和脑壳表面及气囊上有一层白色尿酸盐。

**关节型痛风**：关节滑膜和腱鞘、软骨、关节周围组织、韧带等处有白色的尿酸盐晶状物。有些病例的关节面及关节周围组织出现坏死、溃疡。有的关节面发生糜烂。有的可形成结石样沉积垢，称痛风石。

### 诊断

根据饲喂过量的蛋白质饲料或长期使用对肾脏有损害的抗菌药物等病史，结合病鹅排出含有多量白色尿酸盐的粪便等临床症状和特征性病理变化，可作出诊断。

### 主要防治方法

预防痛风的关键在于根据鹅只不同的生长阶段，按照营养标准科学合理地配制日粮，动物源性蛋白含量不能过高。添加充足的维生素、矿物质以及一定量的青绿饲料。供应充足的水，给予合适的光照，保持鹅舍通风和合理的饲养密度。抗生素和磺胺类药物的用量要准确，连续投喂的时间不能太长。

对发病鹅群，目前无特效的疗法。建议减少饲料中的蛋白质含量，避免使用含核蛋白的饲料，多喂青绿饲料，停止使用磺胺类药物。可使用一些促进尿酸盐排泄的药物，包括使用车前草、金钱草等中草药。也可饮用含 0.1%～0.5% 的碳酸氢钠的水溶液，并加入适量的维生素 A/C 等，以改善肾脏功能。

## 3. 异食癖（啄癖）

异食癖是由于代谢机能紊乱、营养成分不全或饲养管理不当如密度过高等引起的一种复杂的综合征，有的也属于恶习。常见的有啄羽癖、啄肛癖等。

### 发病特点及临床症状

**啄羽癖**：主要见于圈养舍饲的鹅群，鹅在开始生长新羽毛或换毛时易发生本病。先由个别鹅自啄或互啄食羽毛，然后，相互模仿、相互啄毛，很快传播开来，从而影响鹅的生长发育和产蛋量。常导致新生羽毛根很硬，背后部羽毛稀疏残缺。

**啄肛癖**：多发生于产蛋鹅，由于腹部韧带和肛门括约肌松弛，产蛋后肛门不能及时收缩回去而留露在外，引起同伴鹅好奇而啄之，随后相互模仿啄其肛；有的鹅于拉稀或交配后因同样原因引起其他鹅啄肛；因大肠杆菌病或感染鸭瘟病毒引起肛门（泄殖腔）脱出，同样可造成啄肛现象；形成群起啄之时，肛门被啄烂，严重时往往导致内脏被啄拉出来而死亡。

### 主要防治方法

根据具体的病因，采取相应的防治措施。一要改善饲养管理，消除各种不良因素或应激原的刺激，如降低密度，防止拥挤；加强通风，保持室温适宜；调整光照，防止强光长时间照射，产蛋箱避开曝光处；饮水槽和料槽放置要合适；饲喂时间要合理安排，限饲日也要少量给饲，防止过饥；防止笼具等设备引起外伤。二要检查日粮配方是否达到了全价营养。及时补足缺乏的营养成分。如蛋白质和氨基酸不足，则需添加豆饼、鱼粉、血粉等；若是因缺乏铁和维生素 $B_2$ 引起的啄羽癖，则每只成年鹅每天给硫酸亚铁 1～2 克和维生素 $B_2$ 5～10 毫克，连用 3～5 天；若暂时弄不清楚啄羽病因，可饲喂含 1%～2% 的石膏粉的饲料，或是每只鹅每天给予 0.5～3 克石膏粉；若是缺盐引起的恶癖，在日粮中按照 1%～2% 的比例添加食盐，供足饮水，待恶癖消失后停止增加食盐，只可维持在 0.25%～0.5%，以防发生食盐中毒；若缺硫引起啄肛癖，应饲喂含 1% 硫酸钠的饲料，啄肛停止以后，含量降低到 0.1%。

有啄癖的鹅和被啄伤的鹅，要及时尽快地剔出，进行隔离饲养与治疗。

## 4. 普通感冒

本病是指由非病毒等生物类致病因素引起的以咳嗽、呼吸急促为主要症状的一种呼吸道疾病，中、后期往往造成呼吸道继发病毒或细菌感染而加重病情。

### 发病特点

2～6 周龄的鹅最易感染，多发于初冬、晚秋等昼夜温差较大的季节；多为群发性。

### 临床症状和剖检病理变化

鹅群突然出现咳嗽、打喷嚏、流鼻涕、鼻孔有黏液，同时出现甩头等呼吸道症状；病鹅流泪、眼有浆液性或黏液性分泌物，眼周围的羽毛粘连，怕冷聚堆。鼻腔、喉头、气管、支气管黏膜充血，且有黏液渗出。

继发感染者，临床症状和病变可复杂化，同时会出现继发病原所引起的一系列症状和病变。

### 诊断

一般根据临床表现和发病特点进行诊断。

### 主要防治方法

加强饲养管理、保持环境卫生。寒潮来临时注意鹅舍保温，平时保证鹅舍通风良好、防止潮湿、勤换垫草、消毒。

对发病鹅群可投服双黄连、清瘟败毒散等中草药剂，并使用抗菌药物添加剂以防继发感染，同时适当补充维生素 C，保持鹅群环境安静，以提高鹅的抵抗力。继发感染后，应根据继发的疾病采取相应的措施。

### 5. 肿瘤性疾病

受各种因素的影响，鹅的肿瘤发生率呈增加的态势，虽然总体上还是呈零星发生，但见到的病例尤其在成年鹅中越来越多见。这些肿瘤不仅引起鹅的死亡、影响肉产品的质量，也可能关系到公共卫生安全，值得我们重视和研究。

**发病特点**

从目前掌握情况看，比较明确的一个重要原因是长期采食含有黄曲霉毒素的饲料（黄曲霉毒素慢性中毒）。除此之外，很多病因还不明确，如环境中化学、放射性物质等的污染，长期使用药物和有关饲料添加剂，是否为致病因素？有人认为，过去自然感染主要发生于鸡的禽白血病病毒和网状内皮组织增生症病毒，也能感染引起鹅发生肿瘤。鹅感染网状内皮组织增生症病毒或禽白血病病毒的途径，是鹅接触到带有病毒鸡后发生自然感染还是接种了被这些病毒污染的疫苗引起的，目前还未明确。

**临床症状和剖检病理变化**

患有这些肿瘤病的鹅，外观症状不明显或没有特征性的变化。病重时可能出现消瘦、精神沉郁、食欲下降、虚弱、慢性死亡等一般性症状。也因肿瘤数量和发生部位不同而症状表现不同，如有的腹腔中肿瘤很大或引起腹水时，外观腹膨大；如发生卵巢肿瘤时，产蛋下降或停止。由于原因多种，剖检变化也不一致，肿瘤的表现形式多样，而且肿瘤出现的部位各异。从表现形式上看，有的肿瘤呈局部肿块型，在器官组织表面形成圆形隆起的、大小不等的、与周围正常组织有明显界限的一个个肿瘤；有的呈弥散性、细小结节状、不计其数、均匀分布于器官实质中，使整个器官出现肿瘤病变而肿胀；有的肿瘤结节集中在一起，呈菜花状。从性质上看，有的肿瘤组织似肉样，呈乳白色；有的为血管瘤，呈紫色。从生长的部位看，常见在肝、脾、肾或卵巢上出现，有的在胃肠道发生，有的在胸腹膜或心脏上见到；有的只在某个器官上生长，有的在全身多个部位同时可见。

### 诊断

为查明一些发病原因，可采集病料送实验室进行相关病毒的分离鉴定。

### 主要防治方法

防治肿瘤性疾病的办法，由于其病因复杂而且还有许多情况不明确，所以还难以采取针对性的有效措施。但是，依据现有掌握的资料，在饲养过程中应避免喂食发霉变质的饲料，确保栏舍通风干燥防止垫料发霉，养鹅场不可有鸡存在，注意防止选用的疫苗被污染等，避免长期使用药物，同时，应定期清栏消毒。

对患有肿瘤的鹅，应淘汰销毁作无害化处理。

# 附录 养鹅场（户）确保鹅群健康安全的综合防疫技术

引起鹅发病的直接原因是病毒、细菌、寄生虫等病原以及毒物和缺乏某些营养因素等，而间接的因素或者说诱因常常是人为造成的。虽然，按照防疫制度开展了规范的免疫、消毒等兽医防疫工作，还时不时地给鹅群用一些保健药，但是一些养鹅场（户）的鹅群仍然发病，甚至呈暴发流行，这是什么原因呢？其实，这与高密度养殖、开放式饲养、不当的管理以及商品鹅大范围频繁流通等有着密切关系，致使养殖的鹅常处于亚健康状态和病原的包围之中。因此，要有效防止鹅群发病，确保鹅群健康，我们必须从单一的兽医防疫观，向综合应用多学科技术防疫发展，即在继续强化"以免疫为主的兽医综合防治措施"同时，要改变疾病防治就是兽医范畴的观念。这就需要应用生态学、环境学、饲养管理学、兽医学等学科技术，为鹅群正常生长发育和保证免疫等防疫技术充分发挥作用，建立提供一个合适的养殖环境和生物安全区域，即要实施"生物安全为基础的全方位防疫"。

实施"生物安全为基础的全方位防疫"，就是在采用免疫、消毒、疫病监测、检疫等兽医技术的同时，要采用科学的养殖生产方式，即通常所说的健康养殖、生态养殖或标准化养殖。具体技术方法和要求表述如下：

## （一）养鹅场所选址

养鹅的场地应选择在既交通便利又便于隔离的地方（最好有自然隔离的条件），同时又要考虑到供电稳定、水质良好和水量充足、无有害气体和其他污染等条件，建在通风良好、背风向阳、地势高燥平坦或略带缓坡的地方。

为便于隔离和保护环境，尽可能按照农业部《动物防疫条件审查办法》第五条规定选址，即养鹅场地选址应符合3个条件：

（1）距离生活饮用水源地、动物屠宰加工场所、动物和动物产品集贸市场500米以上；距离种鹅场1000米以上；距离动物诊疗场所200米以上；距离其他养殖场不少于500米。

（2）距离动物隔离场所、无害化处理场所3000米以上。

（3）距离城镇居民区、文化教育科研等人口集中区域及公路、铁路等主要交通干线500米以上。

实施放养的鹅场或种鹅场，场址选择首先考虑有鹅可活动的水域。一般应建在无污染的河流、沟渠、水塘和湖泊的边上，水面尽量宽阔，水深1米左右，以缓慢流动的活水为宜。但不可使用对人畜饮用水源会造成污染的水域。如果没有天然水域，也可开掘1米深的人工水池，每1000只鹅应配置面积80米$^2$以上的活动水域。

鹅是食草动物，为便于管理和节约人力，鹅场最好是选择在有天然牧草丰富或可大量种植牧草的地方。

理想的场址应位于河、池等水域的北坡，坡度朝南或东南，活动水域和室外运动场在鹅舍南边，鹅舍门朝南或东南方向。这种朝向，冬季采光面积大，有利于保暖，夏季通风好，又不受太阳直晒，具有冬暖夏凉的特点，有利于提高生产性能和健康水平。

养鹅场址应避开候鸟主要迁徙路线的栖息地。也要求适度的区域面积以实行分区块轮流放养。

## （二）养鹅场内布局

合理地布局养鹅场内各个功能区，不仅便于生产和管理，降低成本和提高生产效率，而且能有效地防止交叉污染和疫病传播。

规模较大的养鹅场特别是种鹅场需设置的生活区、生产管理区，应与生产区分开，各区之间界限分明，并有相应的距离。生活区应远离生产区 200 米以上。生产区应为独立的区域。

根据功能不同和饲养规模，生产区内养殖区域可划分为育雏、育成、育肥（产蛋）等小区或若干个相对独立的饲养单元。各独立小区间要设立防疫隔离设施，并有一定的间距。

养殖区域设置在生产区上风向，兽医室、隔离舍、贮粪场和污物处理池等应设置在下风向或不在同一风流上。

人员、鹅和物资运转应采取单一流向，道路分为污道、净道，不重叠，不交叉。净道专门用于运输饲料、产品，污道专门运送鹅粪、病死鹅及其污染物。

## （三）养鹅场设施设备

设置和配备必需的设施和设备，是做好防疫工作的必备条件。

### 1. 隔离设施

养鹅场特别是生产区四周应设置围墙或相当围墙功能的、能阻止人员和其他动物进出的隔离设施，主进出口处应设置值班室。活动水域也应设置阻挡外来水禽进入的隔离装置。

### 2. 消毒设施设备

生产区入口处应分别设置与人员、车辆等进出相适应的消毒池或配备消毒设备，设置出入人员更衣消毒室。

### 3. 通风降温和取暖保温设施设备

鹅舍建筑结构应有利于通风降温和取暖保温，同时，设置通风降温和保温设施设备。

### 4. 兽医室及其设备

根据养鹅场规模和专职兽医防疫员人数，设置相应规模的兽医室，并配备疫苗冷冻（冷藏）、消毒和诊疗等设备和器械。

### 5. 隔离舍

种鹅场等应分别建设引种隔离舍、病鹅观察治疗隔离舍。

### 6. 无害化处理设施和设备

根据养鹅场规模，设置病死鹅无害化处理设施和粪便等排泄物处理设施，配备封闭式运送病原污染物的车辆。

### 7. 场内设有防鸟设施

架设铁纱网等方法，避免鸟类接触鹅群。

## （四）养殖方式与饲养管理

实践证明，不同的养殖方式和饲养管理方法，不仅影响鹅只的生长，而且影响鹅只的抗病能力，关系到鹅的疫病发生与传播。应采用科学的养殖方式、加强饲养管理，从根本上提高养鹅场的防疫能力。

### 1. 应采用科学的养殖方式

（1）适度规模饲养。一个养殖场点的饲养数量，应根据养鹅场所处地理环境来确定，主要取决于饲养的鹅种类、地形、夏季环境温度、通风状况、饲养场地和活动水域面积、场草面积及牧草产量、排泄物净化能力、对周围环境影响的程度等来确定。

（2）封闭式饲养。应充分发挥围墙、消毒设施、门卫制度等的作用，禁止无关人员、动物及其产品、车辆、物品进入生产区，必须进入的应实施隔离和消毒措施。

一是人员进出要求。未经许可人员不得进入生产区。进入生产区的人员应更换工作衣鞋并经消毒，进入种鹅场养殖区的还需经过淋浴。各独立饲养区的工作人员不得互相串舍。

二是车辆、工具等物品进出要求。无关物品不得进入饲养区，为其他畜禽养殖单位运送饲料、鹅及其产品的车辆不得进入生产区。进入生产区的一切物品，应经过清洗和消毒。各独立饲养区的工具不得互相通用。

三是鹅群进出要求。引进的苗鹅（种鹅）应购自无传染病流行地区的合法孵化厂（场、厅）或种鹅场。在购买装运前应经产地动物检疫机构检疫合格，种鹅应进行禽流感等重大疫病的病原学检测，取得检疫合格证；

如果是跨省引进种鹅，需要到省动物卫生监督机构申请办理跨省检疫审批手续。事前要做好隔离准备工作，预备好经彻底清场消毒的单独引种隔离舍或育雏舍。引进后要对鹅群进行隔离观察，如是种鹅还应开展禽流感等重大动物疫病病原检测，确认健康的，方可饲养。做到在本场有传染病流行期间，不得引鹅。

已出场离开生产区的鹅不准再返回原生产区。

（3）分段隔离饲养。配置人工水池养殖的或实施全程舍饲的养殖场，围绕本单位生产目的，根据鹅的生长规律，对饲养的鹅群分成育雏、生长、育成、育肥或产蛋期等不同饲养阶段，按照不同阶段饲养管理要求，对不同饲养阶段的鹅群，实行分段分区包括人工水池饲养。各区域人员、工具分开，做到相对隔离。

（4）全进全出饲养。配置人工水池养殖的或实施全程舍饲的养殖场，饲养在同一个区域的鹅需要移出时，所有鹅应全部一起移出，彻底清空该区域内所有栏舍、运动场和水池后停养2周以上，才可放入饲养新一批鹅。空舍、空场和空水池后，应进行清场与消毒［详见"（六）养鹅场地清理与消毒"］。

（5）合理密度饲养。饲养密度是指养殖场地内鹅只的密集程度，如果养殖密度过高，不利于鹅只的健康。

1）雏鹅的饲养密度。可参考表1。

表1　雏鹅的饲养密度

| 日　龄 | 地面平养（只/米²） | 笼养（只/米²） |
| --- | --- | --- |
| 1～5 | 20～25 | |
| 6～10 | 15～20 | |
| 11～15 | 12～15 | |
| 16～20 | 8～12 | |
| 4～21 | | 16～25 |
| 14 | | 10～13（快速生长鹅） |

2）肉鹅育肥期的饲养密度：中型鹅为 5～6 只/米$^2$。

3）产蛋鹅的饲养密度：大型鹅为 2～2.5 只/米$^2$，中型鹅为 3 只/米$^2$，小型鹅为 3～3.5 只/米$^2$。

（6）单一饲养。养殖场内禁止混养猪、牛、羊、鸡、鸭等其他畜禽，一个相通的养鹅区域内只能饲养同一批群鹅。

## 2. 做好清洁卫生工作

养鹅场内应经常进行清理工作，有关通道要定期消毒，场内清理出的粪便、污物应集中堆积发酵处理，经常性地进行灭鼠等工作。

## 3. 适时采取有效通风和供暖保温措施

不同生长发育阶段的鹅，其适宜的环境温度如表 2 所示。为保持适宜的鹅舍内环境温度和空气质量，应适时适度使用通风和取暖保温设施。同时，搞好场内绿化工作，各鹅舍间空地应种植落叶乔木，以利美化环境、净化空气。

表 2  不同生长发育阶段的鹅的适宜环境温度和湿度

| 日　龄 | 温度（℃） | 湿度（%） |
| --- | --- | --- |
| 1～5 | 29～27 | 60～65 |
| 5～10 | 27～25 | 60～65 |
| 10～15 | 25～22 | 65～70 |
| 16 日以上 | 22～18 | 65～70 |

## 4. 保证营养符合要求

根据鹅的不同生长发育阶段对营养的要求，适当补充营养添加剂；舍饲鹅应提供全价饲料。

## 5. 保证饲料和饮用水的质量

保证饲草的质量，防止农药等污染。人工饲料应来自于合法的饲料生产企业，经消毒合格的包装袋包装；防止饲料发霉变质，禁止饲喂不洁、霉变、被有害物质污染的饲料。饮用水必须达到卫生标准。

## （五）免疫

免疫是提高鹅只自身特异性抗病能力、防止疫病发生和流行最有效、最关键的措施之一，养鹅必须做到规范化免疫。

### 1. 要科学确定免疫的疫病种类

按照国家和当地政府确定的免疫病种，对鹅群必须进行强制性免疫，如高致病性禽流感的免疫。同时，要根据本场疫情史和周围的疫情，对发病率较高、危害性较大的疫病实施免疫。

### 2. 要坚持合理的免疫程序

免疫程序，是指动物一生中各种疫苗接种的次数、次序和日程。接种疫苗时的日龄不同、疫苗接种次数不同、前后接种疫苗的间隔时间不同，免疫效果都会不一样。免疫程序关系到各种疫苗的免疫效果。免疫程序不是固定不变的，养鹅场应根据本场免疫种类、各种疫病免疫抗体消长规律和畜牧兽医管理部门的指导意见，确定合理的免疫程序，并到当地动物卫生监督机构备案。

### 3. 要力图消除影响免疫效果的各种因素

（1）不使用无批准文号的疫苗、过期的疫苗、失去真空和变质的疫苗。

（2）疫苗要按照说明书规定温度运输和保存，规定的接种部位和操作方法接种。

（3）接种弱毒菌苗前后一周内禁用抗生素类药物及含有抗生素类药物的饲料添加剂。

（4）禁止给不健康的鹅接种疫苗，发现鹅群中有可疑传染病时，要立即停止疫苗接种。

（5）平时少用或不用抗菌类和抗病毒类药物。

（6）已开启的疫苗应及时用完，高温季节不可超过2小时（并存放在保温瓶中），其他季节不超过4小时。

（7）接种疫苗的针头应及时更换，同一养鹅场的同一批鹅，每注射接种 1000 只鹅至少要更换一个针头，不到 1000 只一批时也必须更换针头；给鹅接种过疫苗的针头，不得用于抽吸疫苗。

（8）根据接种的疫苗种类选择接种用的消毒药，接种病毒性弱毒苗时应使用酒精消毒。

（9）剩余或废弃的疫苗以及使用过的疫苗瓶要进行无害化处理，不得随意抛弃。

## （六）养鹅场地清理与消毒

### 1. 清场

（1）在实施全进全出后进行清栏清场和清戏水池。应彻底清除饲养场地内的粪便、垫草、污物、污水、残羹饲料等所有废弃物以及地面浮土层。地面刮净，更换新土或垫料；墙壁、工具等用水冲洗干净。能够拆卸的笼具等饲养设施应拆卸清理冲洗。配置人工水池的养殖场，每批鹅出栏后，其活动的水池也应彻底排干、清除淤泥，并进行消毒和干停 2 周后再灌入新鲜的水。

（2）在同批鹅养殖期间，根据需要进行定期或不定期清栏清场和清戏水池。此种清场重点是清除、更换垫料和更换水池中的水。

### 2. 消毒

（1）消毒制度。包括环境消毒制度、人员消毒制度、鹅舍消毒制度、用具消毒制度、带鹅消毒制度等。要选择符合规定的有效消毒药品，并按照消毒药品使用说明书要求，使用正确的浓度和剂量，采用合适的消毒程序和方法进行消毒。

（2）清场空舍消毒。建设的地面、天棚、墙壁要适合冲刷消毒，饲养棚架或笼具要坚固耐用，便于拆装、清洗、消毒。已经清场空舍的，对墙裙、地面、笼具等非易燃物品可用火焰喷射器进行火焰消毒，对地面和墙壁或用烧碱、石灰乳等进行消毒，笼具等工具及屋顶或用氯制剂、过氧乙酸、碘制剂等进行消毒。消毒应进行 2～3 次，每次间隔 24 小时。可关闭门窗的鹅舍再用甲醛（福尔马林）溶液密闭熏蒸消毒 24 小时以上。

（3）带鹅消毒。在舍饲期间，对3周龄后的鹅选择二氧化氯、过氧乙酸等刺激性小的消毒药物，进行带体喷雾消毒。每周2～3次。喷头应距鹅只上80～100厘米向前上方喷雾，让雾粒自由落下，不能使鹅身体和地面垫料过湿。

（4）水池消毒。除在实施清池水排干后进行清淤消毒外，平时应定期用适宜的消毒药如氯制剂按照规定浓度对池水进行消毒。

（5）道路、排污通道等养鹅场地周围环境消毒。用石灰乳、烧碱等消毒液喷洒消毒，或用火焰消毒，每月1～2次。

（6）人员进出消毒。进入生产区的人员在更衣室更换工作衣鞋后经紫外线照射5～10分钟消毒。

（7）工具、车辆消毒。进入生产区的工具和车辆用氯制剂、过氧乙酸等腐蚀性小的消毒药进行喷洒消毒，车辆通过装有有效消毒液的消毒池进入。日常生产过程中常用工具应定期采用日晒、消毒液喷洒或浸泡等方法进行消毒。

## （七）药物使用

在做好免疫和消毒工作的同时，使用抗菌药等药物进行疫病防治，是养鹅生产过程中的一个重要环节。正确使用药物，是有效发挥药物防病治病作用、防止药物产生毒副作用和药物残留的关键。

### 1. 不使用违禁药品

不使用未经批准的、过期的、变质的药物，不使用人用药物，不使用原料药物。

### 2. 科学使用药物

一要在平时饲料和饮水中不随意添加药物，只有在鹅群发生疫病或可能发生疫病的情况下，才可在饲料或饮水中添加药物，实施群体防治；二要对症用药，不论是群体预防性给药，还是个体治疗，都要努力查明和针对病因、病原用药，必要时开展病原菌药敏试验，选用敏感的药物；三要合理掌握使用剂量和疗程，要根据确定的药物使用剂量用药，并至少使用 1 个疗程；四要轮换用药，不可长期使用一种药物，应在 3～6 个月后轮换 1 次。

### 3. 严格执行停药期

在育肥出售鹅群或产蛋鹅群的饲料和饮水中，不添加各种药物进行群体给药；进行个体用药治疗时，要严格按照规定的药物停药期，在出栏前停止用药。

## （八）疫病监测报告与扑疫

为了及时发现疫情隐患，应有计划地开展疫情监测工作；为了防止疫病扩散蔓延，应立即采取扑疫措施。

### 1. 坚持开展日常巡查与定期实验室监测

饲养人员在每日从事喂料等工作时，应注意观察鹅群的精神状态、饮食情况、体表和行为变化等。

兽医应每天检查卫生防疫情况，观察、了解鹅群健康状况，并做好记录。

养鹅场应根据动物防疫主管部门要求和本场实际需要，定期或不定期开展禽流感等疫病的免疫抗体和病原学监测工作，切实掌握各主要疫病的免疫状况，了解鹅群受到病原污染的程度，时时对鹅疫病可能发生的风险作出评估，以指导采取科学防控措施。

### 2. 及时报告疫情

饲养员如发现鹅群有异常情况时，应立即停止打扫、饲喂等工作，并报告养鹅场兽医，前来诊断处理，饲养人员不得私自处理和瞒情不报。

对鹅群出现发病或死亡等异常情况时，养鹅场兽医应立即开展诊断与流行病学调查工作。当诊断鹅群发生可疑重大动物疫情时，应立即报告当地动物防疫主管部门，并同时采取临时隔离控制措施。

### 3. 及时扑灭疫情

当发生疫病或可疑疫病时，应根据不同疫病性质立即采取相应的措施，控制和扑灭疫情。当发生高致病性禽流感等重大动物疫病时，应按照国家的规定，服从当地政府的统一指挥，实施封锁、扑杀、无害化处理等一系列措施。当发生一般性疫病时，按照发病的范围，对病鹅采取就地隔离治疗或将病鹅转移到隔离舍中治疗，必要时对发病鹅舍采取内部封锁隔离控制措施；对病死鹅及其污染物进行无害化处理，污染场地进行彻底消毒；对于无治疗价值的病鹅，应及时采取扑杀销毁处理。扑杀病鹅和同群鹅应采取不放血的致死法。

### 4. 无害化处理

（1）病死鹅处理。日常发生的病死鹅，送无害化处理厂（窖）处理，或用密闭运输工具就地就近运到不污染环境的地方进行焚毁或掩埋。

（2）粪便处理。用不漏水的车辆送到固定地点进行堆积发酵，或制作成有机肥料。

（3）垫草（料）、残羹饲料等处理。用不漏水车辆送到固定地点进行堆积发酵或深埋处理。

（4）污水处理。按 GB 18596 的要求处理。

## （九）防疫记录

### 1. 免疫记录表

表 3 即为免疫记录表。

表 3  免疫记录表

鹅群代（批）号：

| 免疫日期 | 栏舍号 | 疫苗名称 | 疫苗厂家和批号 | 存栏数 | 免疫 | | | 剂量（mL/只） | 接种人签名 |
|---|---|---|---|---|---|---|---|---|---|
| | | | | | 日龄 | 只数 | 次数 | | |
| | | | | | | | | | |
| | | | | | | | | | |

注：一张表只记录一群鹅或同批鹅的免疫情况，鹅群代（批）号一般用鹅群日龄标示，免疫次数是指同种疫苗重复免疫的次数。

## 2. 消毒记录表

表4即为消毒记录表。

表4 消毒记录表

| 消毒日期 | 消毒药名称 | 生产厂家和批号 | 消毒场所 | 配制浓度 | 消毒方式 | 操作者签名 |
| --- | --- | --- | --- | --- | --- | --- |
|  |  |  |  |  |  |  |
|  |  |  |  |  |  |  |
|  |  |  |  |  |  |  |

## 3. 病原与免疫抗体监测记录表

表5即为病原与免疫抗体监测记录表。

表5 病原与免疫抗体监测记录表

| 采样日期 | 栏舍号 | 鹅群只数 | 采样只数 | 采样日龄 | 免疫日龄 | 监测项目 | 监测结果 | 检测单位（检测人） |
| --- | --- | --- | --- | --- | --- | --- | --- | --- |
|  |  |  |  |  |  |  |  |  |
|  |  |  |  |  |  |  |  |  |
|  |  |  |  |  |  |  |  |  |

## 4. 兽药使用记录表

表6即为兽药使用记录表。

表6 兽药使用记录表

| 栏舍号 | 鹅群批号 | 使用时鹅日龄 | 开始使用时间 | 停止使用时间 | 兽药名称及用量 | 兽药生产厂家及批号 | 备注 |
| --- | --- | --- | --- | --- | --- | --- | --- |
|  |  |  |  |  |  |  |  |
|  |  |  |  |  |  |  |  |
|  |  |  |  |  |  |  |  |
|  |  |  |  |  |  |  |  |

## 5. 病死鹅无害化处理记录表

表 7 即为病死鹅无害化处理记录表。

**表 7　病死鹅无害化处理记录表**

| 日期 | 处理只数 | 处理原因 | 鹅群批号 | 处理方法 | 处理单位（或责任人） | 备注 |
|---|---|---|---|---|---|---|
|  |  |  |  |  |  |  |
|  |  |  |  |  |  |  |
|  |  |  |  |  |  |  |
|  |  |  |  |  |  |  |
|  |  |  |  |  |  |  |

# 参考文献

[1] B W Calnek. 禽病学 [M]. 9版. 高福,刘文军,译. 北京:北京农业大学出版社,1991.
[2] 陆新浩,任祖伊. 禽病类症鉴别诊疗彩色图谱 [M]. 北京:中国农业出版社,2011.
[3] 陈溥言. 兽医传染病学 [M]. 5版. 北京:中国农业出版社,2006.
[4] 李普林. 动物病理学 [M]. 长春:吉林科学技术出版社,1994.
[5] 陈国宏,王永坤. 科学养鹅与疾病防治 [M]. 北京:中国农业出版社,2011.
[6] 甘孟侯. 中国禽病学 [M]. 北京:中国农业出版社,1999.
[7] 陈烈. 科学养鹅 [M]. 北京:金盾出版社,2010.